Spiritual Culture
青心文化

同理心的疗愈力量

The Healing Power of Empathy:

True Stories About Transforming Relationships

〔美〕玛丽·戈耶 | 著

邓育渠 | 译　刘轶 | 审订

中国青年出版社

目 录

《同理心的疗愈力量》推荐语

　　已经过世的人工智能专家马文·明斯基说过："对于某件事，如果不从多个途径进行理解，你就一无所知。"非暴力沟通（NVC）是一个与他人建立连接的过程，它通常被按照一系列的步骤进行教授。但是，如果将它作为应对各种场景的唯一方法，就会带来很多挑战，也会让人产生挫败感。本书收集了许多巧用非暴力沟通的案例，每一个案例都呈现了当事人独特的视角。如果你想加深自己对同理心的理解，我想不出任何比本书更优秀的读物了。

——厄尔·J. 瓦格纳

同理心沟通培训师 & 谷歌人工智能软件工程师

我希望每个人都能读读这本书，这样就能更深刻地理解什么是同理心，了解它是如何传递的，以及它对给予者和接受者有怎样的疗愈作用。我把这本书放在我的床边，在睡前读一两个故事，以此来温暖我的心，并提醒我这个世界所具有的善意。这些关于同理心力量的真实案例以一种变革性的方式让人受到教育，给人启迪，使人受到鼓舞。就我所知，没有任何其他书兼具这些特点。当我阅读这些故事的时候，我身体的所有细胞似乎都在接纳同理心，我就像是沐浴在同理心的甘露之中。我计划把本书添加到我的非暴力沟通和同理心参考书目中去。

——阿里·米勒

婚姻家庭治疗师和非暴力沟通教练

如果你想了解非暴力沟通实践者，想知道他们在工作、家庭和亲密关系之中如何践行他们的理念，请阅读本书。通过本书，读者可以窥见那些拥有几十年实践经验的非暴力沟通学习者的日常生活和挣扎，了解他们在此过程中如何转变自己的语言和内心。本书还展示了通过全新视角观察世界所带来的奇妙而美好的宁静。阅读本书能够给你启迪，反复阅读则让你受益终生。

——萨拉·佩顿

著有：《共鸣的自我：冥想指导与大脑疗愈力锻炼》

鼓舞人心，让人身临其境！通过真人真事的叙述方式，本书介绍了人们借助同理心，用各种奇妙的方式产生转变的经历。玛丽是收集这些故事的最佳人选。我希望诸位借此感受到她的同理心。

——琼·莫里森

非暴力沟通中心（CNVC）认证培训师

阅读本书让我非常享受。刚读完一个故事，我就迫不及待地想读下一个故事。我喜欢看到大家满怀慈悲地去缓和冲突，而不是去加剧冲突。我是一名教授非暴力沟通的老师。本书提供了许多很好的范例，我们可以逐一仔细阅读，看看每个当事人在特定情况下是如何做出反应的。

——杰夫·特雷兹文

培训师、教练、调解员

玛丽所编的这本同理心选集很及时，因为现代人比以往任何时候都更需要同理心。阅读本书可以提高你慈悲的能力，即使在最困难的互动中，都能帮助你找到自己的声音。我期待着与我的学生们分享这些故事。祝贺你，玛丽！

——克莉丝汀·金

非暴力沟通中心认证培训师

我非常喜欢这本书，它介绍了同理心在现实生活中的应用方式。多年以来，我一直想要获得支持，培养这一至关重要的技能和生活方式，我相信这本书就是我梦寐以求的答案！根据当事人和他的境遇，每个故事似乎都在通过不同方式展现如何成为具有同理心的倾听者。完美！在今后的培训中，我将会好好利用这本书。

——简·康纳

非暴力沟通中心认证培训师

能够读到这本案例选集，我感到非常开心。本书介绍了在面对现实冲突时如何实践同理心。不管你是实践同理心的新手，还是经验丰富的非暴力沟通培训师，本书都能让你有所收获。我很赞赏编者在挑选这些故事时所体现出来的用心，这些故事不仅展示了同理心的力量，也展示了它给我们人类带来的改变。我将把本书作为个人成长的良师益友，也会把它推荐给那些希望提高自身同理心技能，并想付诸实践的人。

——大卫·勃朗宁

纽约非暴力沟通推动者

同理心

向当下投射并注入能量，

让理解力生起，

你就能够从细微层面体验到

原本未必具有的许多模式：

采用换位思考，

不对惯行的情绪产生长久依赖；

让你的能量变得更加柔和，

当你陷入愤恨或自责的时候，

让情绪自由流淌并发生转变；

在更深层面产生被人理解的感受。

序言

连接、学习和成长

  非暴力沟通中心的创始人马歇尔·卢森堡经常在研讨会上分享这样一则故事：在经历了多年不断升级的暴力和屠杀之后，尼日利亚两个相互交恶的部落首领一起去拜访他。他们相互指责，认为对方应该为不断升级的流血事件负责——这种彼此之间的指责在这个世界是相当普遍的。

  马歇尔借助一个比较简单的非暴力沟通方法，帮助他们改变对话模式，使双方当事人发现了他们的共同点。在一次会谈中，一位首领说："如果我们能继续这样对话，就不用相互残杀了。"

  几个小时之内，两位首领不再相互威胁和指责，并且达成了一系列致力于平等和安全的共识。在明确这两项需要以及其他一些事项后，他们很快就提出了一个和平解决方案。多年以来，两个部落之间的冲突造成了无数生命的丧失，如今，他们怎么一下子就化干戈为玉帛了呢？这就是同理心的魔力！

故事的力量

当我第一次接触到非暴力沟通时，是那些奇闻逸事给我留下了深刻的印象，在现实生活中，当我致力于同理心的学习时，也正是这些故事让我获益颇丰。我们的大脑需要案例！好的故事能够有助于我们的学习。

当我开始向学员和一些团体教授非暴力沟通时，讲故事的方式是最受人们欢迎的。这些故事以真实的案例指导人们在各种重要的对话中用不同的方式与人沟通。更重要的是，它们能让人们看到希望。于是，我开始为同理心培训师收集一些最适用于教学的故事，并节选出一些进行示范。我很快就意识到，我应该出版一本这样的书籍。在两年的时间里，我从学习非暴力沟通的新老学员那里尽力寻找最具有转变效果的同理心故事。有些人在提供了鼓舞人心的故事后，要求匿名，有些则允许我们署上他们的名字。大家可以将这些故事作为效法的榜样。一个故事确实可以成为一场强大变革的催化剂。在阅读这本书中的 70 多个故事时，你就会找到在生活中与人交谈的新方式。随着时间的推移，当重温这些故事时，你可能会注意到一些在初次阅读时没有发现的新技巧。故事往往能带来这样潜移默化的影响。

最后，我希望你们的生活将因此发生改变。这几乎是毫无疑问的，因为每阅读一个故事，你就会看到，在彼此间建立连结将会产生多么大的力量。

有用的技巧

当你阅读时，请记下每个故事中表达同理心和正念的用词。选择更具有同理心的反应，而不是依赖于习惯性反应（有时被称为"非同理回应"），这可以成为一种与人建立连接并提升对话品质的有效方式。对于那些希望锻炼"同理心肌肉"的人，本书在附录中提供了一些技巧、工具和其他信息，来指导大家从这些故事中学习运用同理心的技能。

家庭中的同理心
与亲友的深度连接

你在本书中将会反复看到马歇尔·卢森堡这个名字，他曾经说过，同理最亲近的人是最困难的。

的确，我们通常会被自己所爱的人——父母、子女、爱人、伴侣和好友激怒。这就是我们很难同理他们的部分原因，尤其是在气氛紧张的时候。在危机重重的对话过程中，自我调节和自我管理是学习培养同理心的一部分。我们首先要对自己产生同理心，然后才能对他人产生同理心。当你和爱管闲事的父亲或抑郁的青春期子女对话时，与自己建立连接可不是件容易的事。导师拉姆·达斯曾经这样说过："如果你觉得自己觉悟了，花一个星期时间去陪陪你的家人吧。"

我们之所以很难对亲人产生同理心，恰恰是因为我们太在乎他们了。看着他们挣扎让我们难以忍受。我们想去帮忙！我们的本能之一就是想让所爱之人的痛苦消失，所以我们的默认状态就是不假思索地去解决问题，急着去修复——尽管身处痛苦的人通常最想要的是被倾听和获得理解。

同理心需要我们具有这样的能力——只是去见证他人的痛苦，而不是试图去改变他人。一旦你起了念头，希望别人获得什么感受，或者希望别人怎么去做的时候，你就已经离开了同理心，只是在关注自己。

我的一位导师说，在所有的诱发因素中，她十几岁女儿的悲伤让她内心产生的挣扎最强烈。在这样的情况下，她就容易忘记去表达同理心。我完全能理解她。对我来说，倾听某个普通朋友的健康问题并产生同理心更容易，但是，当我所爱的人正在与疾病做斗争，或者一个好朋友在从事一份令人痛苦的工作时，让我产生同理心就很困难了。我想要采取行动，想要做点什么。有时候，不管对方有没有提出请求，我都忍不住要把一些建议塞给他们。

我们想有所帮助，有所贡献；这是我们的自然状态，也是非暴力沟通的核心原则。在此章关于家庭成员的故事中，你会看到，以深度倾听的形式进行帮助是一件多么有用和容易的事情；你会看到，它是如何将愤怒和责备转变成更紧密的连接，产生更好的效果；你会听到，通过言语修复争执可以避免痛苦的伤害；你会注意到，只要单纯地倾听你爱的人，他们就会自发地产生解决问题的方法；你会了解到，自我同理是如何转变具有挑战的人际关系，你完全不需要讲话。

充分地倾听意味着密切关注对方语言背后所包含的内容。

——彼得·圣吉

父亲的礼物

桑德拉是我的一位来访者。她的父亲 81 岁，正在考虑自己的后事。他想让桑德拉在他离世后住进他的房子，但桑德拉不愿意。桑德拉虽然喜欢那所房子，但她不想住进去，因为晚上一个人独处的时候，她心中充满了恐惧—— 一种难以言喻的恐惧——她无法在那里入睡。

父女两人就这件事进行了几次沟通，但都没有任何结果。每次桑德拉去拜访的时候，她的父亲都试图说服她——那是个好地方，用他的话来说就是天堂，任何人都很安全。桑德拉每次都是欲言又止，不知道如何回应。她不想对父亲撒谎，也不想做出无法兑现的承诺，她很清楚，自己不会住进去。每当她想表达自己的顾虑时，父亲就会加倍努力地向她解释为什么他的提议很好——没有房租，位置也不错，还有一个很棒的花园。

当她来找我咨询的时候，我意识到，问题的很大一部分在于她的行为和她所描述的父亲的行为如出一辙。她试图阐明自己的观点，说服父亲，说明自己根本不可能搬过去住。我们一起努力想出了另一种可能的对话形式。

这种对话形式如下：我想回到我们僵持不下的话题，谈谈你百年之后，房子该怎么处理。在进行了充分的思考之后，我想告诉你，我终于想明白了——我知道你给我的这份礼物是多么贵重。你希望我幸福，想让我生活在你眼中的天堂里，这让我很感动。我想确认这是否是你的目的。

"但是，首先我要告诉你我面临的最大问题是什么。我希望我能接受你的礼物。我也知道这是一份非常珍贵、美好的礼物，我希望我能接受它。但是问题是，它不是我想要的礼物。对于我来说，它并不是天堂。我也不知道为什么。我不明白为什么我住在这里总是感到害怕。如果我答应了你的要求，在我的余生里，每天晚上我可能都睡不好觉，整夜都在恐惧中。我知道你不想让这些事情发生在我身上。[停顿]我希望我们能找到其他方式，让我能从这份礼物中受益。你能与我开诚布公地谈谈吗？你能明白我的难处吗？"

当我们设计出这种对话框架时，桑德拉完全放松下来，她开始露出笑脸。她心头的石头终于落地了。她已经准备好与父亲诚恳地谈谈了。

最后，我想引用桑德拉和她父亲谈话之后写给我的邮件。邮件本身更能说明问题："父亲听完我的话后，知道我最终理解到他赠予我一份珍贵的礼物，他的脸上露出了如释重负的神情。在谈话结束时，他告诉我，在我们家任何人（我或我的孩子们）愿意住进去之前，他完全同意我们将房子租出去。我到现在还很感动！让我没想到的是，当我们这样真正地倾听彼此之后，我对住进这所房子的抵触情绪也日渐减少了。我完全可以想象自己在房子里安装一个报警系统，养一条大狗，然后住在里面……虽然我不希望自己马上住进去。"

——米基·卡什坦，www.thefearless-heart.org

当我们觉得自己处于防御状态或无法对他人抱以同理心时，我们需要：（1）停下来觉知呼吸，对自己抱以同理心；（2）在内心发出无声的呐喊；或者（3）休息一下。

——马歇尔·卢森堡博士

陷入困境

我想，我们在一起工作不是个好主意，即使只是想去尝试都是非常愚蠢的。

当时，我和丈夫正商量共同经营一个工作室。通常，我们独立开发各自的项目，但我们也有几个共同的项目。为了获得灵感，我们花了很长时间一起散步。各种想法在我们心中不断涌现，我们享受着彼此的创造力，畅想着工作室的理念。

几天后，我们再次商讨，打算将我们充满热情的想法转化为一个切实可行、有截止日期的项目，并制订出具体的计划。

当进入具体的领域时，我们的情绪不断下沉……下沉……再下沉。我们的肢体语言开始失去连接，继而充满敌意。

我做了几次绝望的尝试，试图猜测他的感受和需要，然而他并不买账。"不要进行错误的同理尝试。很明显，你言不由衷。"他叫了起来，显得很恼火。

我们开始出现分歧，接着还是试图继续讨论，但只是就对方的想法做出干巴巴的评述。这种感觉不怎么好。然后——在这个困境里——我们开始分析并威胁对方。

他说："今天你的心情怪怪的。如果你不想做，那么我们就不做了。"

"不是那样的。"我反唇相讥，"我只是……我不知道……自从我们坐下后，你就一直显得很痛苦，这让我丧失热情。我觉得你讨厌我！"

"你知道，不要追求完美，"他说，语气有些恼火，"让我们把这件事做完吧！"

"但是……我不知道……"

"好吧，那你先提出一个想法看看。你希望怎么进行下去？"

我感到恐惧。我的能量从双腿渗入到地面，慢慢耗尽。我瞟了他一眼。他看上去神情紧张，紧盯着窗外，双手放在口袋里，耸了耸双肩。

我看着地面，觉得茫然无措，杵在那里。我告诉自己，这样做不会产生任何具有创造性的、快乐的、哪怕稍微有点价值的东西。事实上，我想知道，我们到底为什么要在一起工作，这是我们唯一一次如此痛苦。我真希望我们一下子就能把这个项目扼杀掉。我希望自己讲出这个愿望，但是却说不出口。

这是一段令人不安而又漫长的沉默。我认为沉默是我的错，心想：为什么我就不能讲一些有用的话？我深深地陷入这个困境之中。

他打破了沉默，说道："这是在浪费时间。我原本可以做一些有益的事情。如果你不想讨论……"

我辩解道："我很希望讨论，但是……"我还是不知道说什么才好。我只是想让它结束。在某种程度上，我只想逃避。

奇怪的是，就在我们开始这次讨论之前，这个人——我亲爱的丈夫——看上去是那么的可爱可亲。

现在我只想逃跑。我讨厌自己，讨厌他。一种阴郁的情绪在我心中滋长，身体内的挤压越来越强烈，像抽筋一样。

我突然灵光一闪，从困境中跳了出来，说："豺狗帮①！你的豺狗帮在干什么？"

我们在恋爱初期就提出了"豺狗帮"这个说法。当时，"帮"这个说法在我们的谈话中很自然地就出现了，这很有趣，也具有化解的力量。有一次，在一次特别亲密的电话交谈中，我发现很难感受到他的柔情蜜意。接着，我们发现，我可以在聊天的时候看着我的"豺狗帮"——他们戴着黄色的防护头盔，站在十字路口中间的小安全岛上，吹着哨子，愤怒地用手臂指

---

① 马歇尔·卢森堡博士的非暴力沟通理论中有"豺狗"和"长颈鹿"这两个形象。其中，"豺狗"代表主导、攻击的一方，而"长颈鹿"代表温驯、服从的一方。本则故事中的"豺狗帮"似乎与此无关。此处的"豺狗帮"应该指这对夫妇在恋爱期间用来指代彼此情绪的一个意象，表示人物的负面情绪。本书所有注释均为译者所注。

向四面八方，试图控制交通。我看着豺狗帮，和他一起哈哈大笑，我重新获得了自由，可以再次敞开怀抱，让爱的奇妙之流欢快地流淌。

他回答说："我的'豺狗们'把铲子扛在肩上。他们正在收拾行装，一边抱怨自己的工资和工作条件，一边离开了。他们看起来像一群修路工人。他们甚至不想来参加这次讨论。我现在能看出来，一开始他们总是没精打采，满腹牢骚。他们只想出去抽烟，开开玩笑。"

听完他的话之后，我振作起来，并对他给我呈现的内在图景产生兴趣，也和他建立起连接，他的姿势和态度也证实了我的感觉，我们完全有了默契。这真让人觉得不可思议。我觉得又和他连接起来了。我松了一口气。

"你的'豺狗'呢？"他问。

"他们都躺在地板上，想站起来，但他们的腿不够强壮。他们不停地摔倒在对方身上，互相造成伤害。他们的腿软得像橡胶，不足以支撑身体。他们哭喊着：'我们的腿！我们的腿怎么了？！'"

"他们需要帮助吗？"他问。

"他们的双腿想通过注射变得强壮。你需要把骨头注射到他们的腿内。"

当大声说出这个栩栩如生的幻想时，我突然感觉好多了。奇怪的是，我感到自己双腿的骨头更坚固了，似乎也能够再一次站起来了。我从困境中走出来，发现可以自由呼吸了。我深呼吸了一次。

我们温柔、忧伤看着对方。我们之所以忧伤，是因为我们居然彼此失去连接。重新在爱中连接起来，这让我们松了一口气。我们默默地拥抱了片刻，然后把注意力转回到工作室的计划上，发现我俩又恢复了往日的和谐。我们的思路又开始在彼此身上活跃起来，我们的计划也完美地结合在一起。

——布里奇特·贝尔格雷夫，www.liferesources.org.uk

在人间的经历让我相信，有两种强大的工具可以把体验变成爱：拥抱和倾听。每一次，当我拥抱或被人拥抱，倾听或被人倾听时，我就像木头在永恒之火中燃烧，我发现自己就在爱的面前。

——马克·尼波

爱抱怨的孩子

我家的一个大问题就是抱怨。当我的三个孩子分别是4岁、7岁和10岁时，我对抱怨的看法发生了转变。

在那之前，他们似乎一直在抱怨。我都快疯了。每当听到他们抱怨的声音，我就要立刻停止手头的所有事情。

后来，我去参加了一个育儿研讨会，在那里，我了解到孩子们只是想表达他们的需要。回来之后，我第一次注意到，女儿在向我抱怨前，会提出一些要求。我突然意识到，每当她认为我在拒绝她的请求时，她就会抱怨。

我也意识到，她已经习惯了向我提要求，也习惯了我说不。很明显，在我们的互动中，我的女儿经常没有能力得到她想要的东西。

我对女儿产生了强烈的慈悲心。我还发现，对于孩子的自主需要，我并没有表达出尊重。

在我看来，抱怨是他们试图让自己完全被别人倾听的方式，也是在反抗我对他们的自主权缺乏尊重。

当我意识到这一点时，我感到后悔和悲伤，因为我和孩子们的关系中缺少信任和尊重。我和孩子们交流了我的想法和认识。我让他们知道，我很希望更好地倾听他们，并努力增进我们之间的信任。

> 非同理回应
> 示例
> **指导**
> "深呼吸几次。"
> "你可以这样做。"

当我讲完的时候，孩子们看着我，好像在看一个外星人。我4岁的孩子开始哭起来。然而，在我和他们谈话之后的短短三个星期内，他们的抱怨急剧减少了，我和他们都非常享受彼此的陪伴。

——匿名，节选自：《亲子之间，相互尊重》

当一方太痛苦而无法倾听对方的需要时，我们就要将同理心进行充分的延展，确保他知道自己的痛苦被倾听到。

——马歇尔·卢森堡博士

坐在沙发两头的夫妇

作为调解员，我的搭档乔里和我的主要任务是让来访者彼此之间平等地建立连接，这样才能在双方心里激发同理心。在调解的过程中，我们并不专注于提供具体的解决方案。我们相信，一旦人们被连接在一起，就会自然地带着同理心去给予和接受，在此过程中，各种需要就会显露出来，解决方案也会应运而生。

有一天，我们接待了一对夫妇。他们的关系非常僵，一前一后来找我们调解。其中一位走进了我们的调解室，坐在沙发的一端，那是争执方通常坐的位置。大约 5 分钟后，另一位也来了，她坐在沙发的另一头。两人背对着对方，紧靠在各自的扶手上。他们的行为给我们提供了很多信息，我们就此对他们之间的连接程度进行了评估。

我们解释了调解的流程，并立刻对他们产生同理心。我们完全理解他们来到调解处的感受——小心翼翼，不确定他们的关系接下来会怎么发展。

我们以惯常的问题开始："谁愿意先倾听对方？"

一阵长久的沉默之后，没有人想先做倾听者。

这涉及一个关于同理心的重要问题。同理心与我们说了什么无关，而是与我们把注意力放在哪里有关。乔里和我沉浸在这个静默之中，用眼睛和心灵去感受他们是多么渴望被人理解，被人倾听。

最后，男方说："我愿意先来倾听。"于是女方开始讲述自己的痛苦经历。

她开始倾诉，我们陪伴着她，开始倾听。我们努力地同理听到的内容，进行反映，重述、理解她的需要。当她提到某项基本需要时，我们会说："我们想把它交给对方，看看他能不能对其进行反映。你觉得行吗？"

"那太好了！"她回答。

我们一再重复她所提到的需要，以便使男方更容易理解。比方说，如果她的需要是理解。男方则表示他愿意回应她的需要，他也确实这么做了。

"谢谢你。"我们对男方表示衷心的感谢，因为他满足了我们提出的请求。

然后我们问男方："你现在有什么想说的吗？"接着，他开始讲述自己的故事。

我们听他讲了一会儿，对他的经历表示认同，并归纳出重点，然后重复之前的程序。我们请求他允许把这种基本的需要传递给女方，这样她也能进行回应。我们一直在重复这种小小的"舞蹈"动作。

这种做法很简单，我们称之为"调解舞"。我们从一个人那里收集信息，把它像圣诞节早上的礼物一样送给另一个人，让对方打开……然后我们就会知道他是如何接受这份礼物——对方的需要。

这对夫妇的"舞蹈"持续了大约 45 分钟。如果我们用摄像机录下当时的情景，你们会看到他们的身体在整个过程中是如何不再相互疏远。虽然他们的眼睛一直盯着我们——他们仍然拒绝看对方——但他们的身体开始放松下来。

又经过 10 多分钟的来来回回，我们看到他们在座位上慢慢移动，直到他们的膝盖相互靠近。尽管如此，他们还是把自己的大部分意见交给了我们，所以我们继续这样进行下去。

这种模式几乎是一个机械的过程——认识需要，然后将其反映出来。虽然它的作用原理不好理解，但它确实起作用了！它将人们的内心连接起来。这对夫妇也是如此。

他们慢慢地，一寸一寸地，向对方靠近。15 分钟后，这对夫妻开始直接交谈起来。

乔里和我退后，让他们俩进行交谈。几分钟后，他们手牵手，头挨头，形成了一个Ａ字形。他们在讲些什么，我们一个字都听不清，但这无关紧要。他们已经建立了连接。

他们以这种相互依偎的姿势至少又待了10分钟，但这却像是永恒。对我和乔里来说，在花了那么多时间同理他们的痛苦后，在现场见证到他们经历艰难重新建立起连接，这真是太美妙了。

最后，他们过来和我们会心而视，我们接着进行后续的调解工作。

我们心想："谁知道他们下一步将要做什么呢？"结果，他们决定一起约会吃顿饭。因为生活太忙碌，他们没什么时间在一起，所以已经好几个星期没有约会了。最后，他们手牵着手走了出去，开同一辆车离开，把另一辆车留在原地。

这是他们增进关系的第一步。我们还需要几次调解来厘清一些共识，在我们的协助下，他们切实地改善了彼此之间的连接品质。

这段经历给了他们一个新的参照点——提醒他们，相互指责会让他们失去什么。这样，他们就能摆脱互相指责的消极心理，从而关心自己所深爱的另一半。帮助他们经历这一过程，摆脱痛苦的陷阱——这也是我们接受到的恩典。通过同理心，我们经常能接受到这样的恩典。

——吉姆·曼斯克，www.radicalcompas-sion.com

同理心是带着尊重去理解他人的遭遇。我们常常有一种强烈的冲动，想要给予建议或安慰，并解释我们自己的立场或感受。然而，同理心呼唤我们清空我们的头脑，全身心地倾听他人。

——马歇尔·卢森堡博士

面对阿尔茨海默症

一天早上，我躺在床上，丈夫睡在我的身旁，我发现自己处于惶恐之中。我的一个好朋友住院了，来来回回奔走去探望她，这确实让我有些忙乱。但我感觉有些不对劲，我无法跟上事情的变化。

我不断地想起我的朋友谢丽，想起她的生活转眼之间就从正常变得复杂。她在潮湿的车道上跌了一跤，不得不进行脚踝手术。手术进行得很顺利，她已经出院了，但是还需要在康复病房待上一个月。

康复病房既沉闷又肮脏，但她的情绪仍然很好。虽然她受的伤纯粹是身体上的，但那里的很多人都患有中风、阿尔茨海默症和其他影响认知功能的疾病。正如她的个性一样，谢丽把这次经历当作一个"机会"，开始与她遇到的每个人接触，了解他们的故事。

她的态度鼓舞了我，但我还是不希望她住在那里。我开始哭起来，听到我的声音，我的丈夫醒了过来。

"嘿，"他问，"出了什么事？"

"一想到康复病房，我就不知所措。那天晚上，当我去看望她的时候，情况令人非常震惊。谢丽似乎对待在那里一点都不气馁，但这令人不安。那里的走廊很暗。在我看望期间，她隔壁的病友一直在尖叫：'救命，他们绑架了我！'很显然，这种事情在那里是再正常不过的。接着，护士站的铃声连续响了半个小时。我走上前，去提醒柜台后面的工作人员，她回答说：'是的，我已经习惯了这种声音，所以根本就没注意到它。'我很震惊，问道：'但是，这不意味着有病人需要什么吗？'"

"哦，"我的丈夫拉住我，给我一个拥抱，"这真令人不安。"

"我总是在想，我父亲最后会去那种地方，柜台后面的工作人员无视铃声的提醒。那位女士是如此的冷漠，但是能任由铃声响这么久也是很让人难受的，我不得不告诉自己，他们忽略铃声，一定是有原因的。因为我在谢丽的房间里都能听到！"

"所以你就想到了你的父亲，对吗？那种环境让你想到他吗？"

"是的！太恐怖了！"

我的眼泪掉下来了。一年前，我父亲被诊断出患有阿尔茨海默症，去医院看望他让我很沮丧，我能预见到他的未来。

"我的意思是，我知道我们目前还不需要将父亲送到那里，可能还要再等10年。但总有一天，我们无法在家里提供他所需要的照料……"我的声音越来越小。

"你是不是担心父亲症状的发展情况？"丈夫问道。

"是的。"我一直牵挂着家里的情况，"老实说，我觉得我现在做得还不够。我母亲、斯蒂芬和凯西负责大部分工作。我曾经告诉自己，每隔几个月就要飞到城里帮忙——或者至少去看看——但我没有。我只去过两次。这似乎还不够。"

"你感到内疚吗？想出更多的力？"

"是的。这很难。我原本希望凯文这个夏天能去一次。他和我谈了好几次，但是还是没去成。我也没有去。我真的想趁我父亲头脑还清醒的时候，多去那里，这样我们就能建立起连接，你明白吗？我们不知道还有多少时间。我是说，我们一直通过电话联系，但是……我不知道。"

他试着对我的话进行反映："所以其中涉及你和哥哥去帮助家里的斯蒂芬、凯西和妈妈，大家齐心协力，还有，就是要珍惜你和爸爸在一起的时间，是这样的吗？"

"没错！"我停顿了一下，调整了一下思路，"这让我想起了我在康复病房遇到的一位阿尔茨海默症患者，当时我和谢丽在电视厅一起吃饭。我正在玩拼图游戏，一位男士走了进来，指着拼图咕哝着。我不知道他的需要，甚至不知道他是心烦意乱还是想告诉我什么。没过几分钟，他的女儿就过来了。我们了解到他过去是一名工程师。当他的女儿给我们翻译他发出的声音和所做的手势时，我才知道他是想建议我如何拼图，让我先从边上拼起。这真让人心痛！他过去曾经是一位工程师！"

我们一起叹了口气，躺在那里。我流下了更多的泪水，丈夫继续陪着我，任由我漫无边际地胡思乱想。

"是的，"他说，"想到这样的遭遇，的确让人痛苦。"

"是的，没错，就是这样的。"我附和着说，"这还不算最糟糕的呢，我忘记告诉你另外一件事。在那次拜访的晚些时候，我看到了另外一个人。很显然，他每天晚上都会把衣服全部脱掉，把床单从床上扯下来，到处溜达。他一丝不挂，满脸困惑地走了出来，而我正试图跟柜台后面目光呆滞的值班人员说话。她不得不跑过去帮帮他！"

"哦，天啊！"我的丈夫叫了起来。

"我知道，我只是不能……"我说得越来越慢，不知道该怎样把话说完。

我的丈夫吸了一口气，歪着头问道："这——你说的一切——是有关人的尊严吗？你希望你遇到的这些病人获得尊严吗？你需要确保你的父亲在将来年纪更大以后，也会获得尊严吗？"

当他问我这个问题时，我最后一次流下了眼泪，变得释然。我感到如释重负，就像在漫长的一天结束后终于能够躺下一样。

"哦，天啊，是的。尊严……"我一边说，一边让我的心停留在这个概念上，"就是它。我担心他将来不会被我们，被医护人员和医生有尊严地对待。是的。我希望爸爸具有完整的人格尊严，不管他变成怎样。就是如此，尊严！"

谈话很快就结束了，但在这个星期余下的时间里，我都很振作。我惊讶地发现，每当我回想起这件事时，我的身体就会有一种如释重负的感觉。我终于找到了合适的名称。我无法解释为什么"尊严"的观念成为了一个真言，在我眼里它对我的父亲如此重要。但是，没错，它的确很重要。

——玛丽·戈耶，www.consciouscommunication.co

倾听带来神圣的静默。当你全心全意地倾听他人时，对方通常就能初次品尝到内在的真理。在静默的倾听中，你可以在每个人身上了解自己。最终，你就能够在他们身上乃至其他人身上，听到无形的、温柔的声音自行吟唱，对你吟唱。

——雷切尔·内奥米·雷曼

与孩子一起心碎

我在亲子课程上经常提出这样一个问题："你们有没有在孩子难过的时候，跟着一起难过？"

最近，出差五天回家之后，我问了自己同样的问题。我16岁的女儿心情不好，一开始我以为是跟我有关。我与她进行了眼神交流。她瘫倒在沙发上，说："一切都糟糕透了。"

我已经快按捺不住，想去安慰她，让她摆脱这种情绪，虽然她没有提到任何细节。但是，我只是温柔地说："嗯，发生了什么？你想让我了解些什么？"

她犹豫了一下，讲述了自己的经历，我明白她觉得自己被朋友们冷落了。其他几个人在一起玩的时间比和她相处的时间更长。在她叙说的时候，我多次产生冲动，想要插话，告诉她："哦，她们非常喜欢你，她们爱你。"或者给她一些建议，比如："你就这件事或者那件事问过她们没有？"

但是，我还是设法管住我的嘴，没有主动给出建议或安慰。相反，我坚持几个基本原则——反映（重述）、同理和简单的倾听。

我只是对她说："当她们在上完最后一节课离开，一起玩耍的时候，你似乎就会觉得孤单，是不是这样？你是否希望她们知道你多么想她们，但说出来可能显得你太脆弱了？"

我的话触动了她，她哭了起来："是的，我感觉被困住了。我真的不知道怎么表达自己。我不知道要向她们说些什么，因为她们会直接无视的。"

此外，她还向其他几个朋友表达了自己的焦虑，但她们要么给她建议，要么给她安慰，她感到非常沮丧，她们似乎没有真正倾听她的话。

我们在一起坐了20分钟，到最后，她时哭时笑。她说她感到释然，并感谢我的倾听。我觉得自己与她变得更亲密，她觉得自己被人倾听。我成功地避免了强化她觉得自己没有被人倾听的想法，因为她和朋友在一起的时候就没人倾听她。

我还意识到，如果我当时觉得她在生我的气，我可能一开始就不会与她进行互动，那就会失去这样的机会。相反，她所处的这种状态是我们很多人都曾有过的经历：感觉被忽视，想要获得重视和归属感，希望获得朋友们的喜欢。我差点就错过了这个美妙的时刻。

——克里斯汀·马斯特斯，www.nvcsantacruz.org

同理心是羞耻感的最强解药。

——布琳·布朗

对羞耻感抱以自我同理

人类最难对付的情感之一就是羞耻感。在人类的所有感受中，它能产生最多的应激激素——皮质醇。大多数人试图避免羞耻感，他们会使用转移注意力或上瘾策略来改变大脑的化学物质，从而摆脱这种体验。例如，酒精就是一种很好的羞耻中和剂。"干杯！"

每年我都会经历一场强烈而持久的羞耻运动（持续了四周），以至于我开始在日历上标记出日期，想去预测将要发生的事情，以便给自己额外的支持。这个时间段是 10 月 20 日到 11 月 12 日。现在看来，在此期间我的母亲将要度过一段艰难的时光。所以在童年，每一年的这几个星期里，我都会想象她进入一个黑暗的地方。它的发生（是巧合？我不知道）要涵盖的事件包括万圣节服装制作、我的生日，最终在我父母结婚纪念日之后结束。

在过去的几年里，我一直致力于解决这个问题：我们的神经系统通过自我破坏的行为，到底要满足哪些深层需要？要解决这个问题，我们不能将自己当成孤立的个体。我们必须拨开孤独的迷雾，将目光放到最初二人关系的源头上。

人类不是在培养皿中生长出来的，而是在子宫和各种关系中成型的。

在给人提供咨询的工作过程中，我用同理心来治愈和转变他人痛苦的情感经历，自己也获得成长。因此，我也尝试在自己身上进行这项工作。在今年，我开始问自己：我的羞耻感所涉及的二人关系中，另外一位是谁呢？通过羞耻感，我要满足什么需要呢？我打开了感觉之门，让身体的感受进入。我的脑海里浮现出深深的孤独，我感到母亲的温暖已经完全消失，她的职能变得冰冷，机械。

找出羞耻感二人关系中的另一人之后，我感觉到自己正在接受审查和否定。在我的想象中，母亲离我越来越远了，这让我越发觉得我是独自一人。当我放任自己的思绪游走，在内心盘问母亲是不是要把她儿时的自我留在我身边，我是否会为我们二人感到羞耻时，那深深的羞耻感就会减轻。在母亲 8 岁的时候，她的父亲离开了她，从此她再也没有见过她的父亲，但是母亲要求在死后和他合葬。我脑海中浮现出这样一幅画面：我羞耻的身体不断剥离出过去世代的孤儿，并让他们站在我身边，见证父母的逝去。

我的羞耻感减轻了，没有那么沉重，但我的脑袋里有一种恶心的感觉。

我的身体对我发下以下的誓言："我，萨拉的身体，庄严地向我的本我宣誓，我将在余生垂下我的头和双眼，这样我的存在就不会给那些不需要我的人造成负担，这样我就可以免于心碎和失望，并且不再感到羞耻，不再和地球本身发生关系，这样就减轻我给地球和生命造成的负担，我将不计较自己要承担什么样的代价。"哟。很恶心。

然后我问自己："萨拉的本我，你听到萨拉的身体对你许下的誓言了吗？"

我的本我说："是的，虽然它发出的声音很小很微弱，没有多少生命的活力，但我还是听到了。"

"对于萨拉的身体来说，这是一个好的誓言吗？"

"不是，绝对不是。"

"你能告诉它你解除了这个誓言吗？"

"萨拉的身体，我解除你的誓言，撤销这份契约。我希望你知道，这个世界为你的存在感到喜悦。我想知道你是不是很担心自己破碎无用。你需要我告诉你其实你的存在是恰到好处的吗？我希望你能够获得并享受这种关系。"

当我的身体体验到誓言被解除时，我的头抬起来了，这让我头盖骨底部的肌肉放松并开始移动，并在那里产生刺痛的感觉。我的肩膀耷拉下来，包围着我全身的紧张感消失了。

我用我的方法来满足对谦逊、正直和尊重的深层需要——我发誓要把自己从生活中拉回来，珍惜所有人。同时，我也让自己远离了失望。但是从长远来看，这并不是一个特别好的策略。

羞耻感和恶心现在都消失了。这段羞耻感的经历是影响终身的，很难想象事情到底发生了什么改变。但我愿意等待，看看在不断追求自我温暖和自我呵护的过程中，我在下一次能怎样去应用同理心。

——萨拉·佩顿，www.yourresonantself.com

我们不断训练自己的技能，试图了解每条信息中隐含的需要，虽然在开始的时候我们不得不借助猜测。

——马歇尔·卢森堡博士

化解新年夜的争执

几年前的一个新年夜，我亲眼目睹了简单的同理心带来的几乎不可思议的改变力量，这激励我报名参加了几次培训，更多地去学习，了解同理心的过程和原则。

那天晚上，与另一对夫妇安安静静地用完晚餐后，我和妻子在晚上9点左右回到家。我们住在市区附近，在新年夜的时候，那里总是充满了节日的气氛，到处都是鼎沸的人声。

我俩在一起待了一会儿，谈论着这次与朋友欢聚的夜晚。过了一会儿，妻子说她累了，想要去睡觉。当她准备上床时，我放松了下来，闹市区街道上狂欢的声音犹在耳畔。看到她拿出一本书爬到床上，我告诉她我要去市中心看看。我是个非常外向的人——我喜欢派对，喜欢和很多人在一起，所以对我来说，在市中心散步是一件惬意的事情。在熙熙攘攘的人群之中，我也许还能遇到一些朋友。

"你为什么总是要出去?"她问道,显然很生气,"你就不能待在家里吗?"

我感到全身紧张。我喜欢外出,与人群在一起时,我感到充满活力。我和妻子在白天和傍晚都相处得很愉快。她躺在床上,可能很快就会睡着。我找不出任何不出门的理由。还有什么别的选择吗?待在家里什么都不做?

短暂的停顿让我有足够的时间去思考:她认为我总是需要外出,从来不能待在家里,这是不是另有所指?

但是,这样反思真的不是件容易的事情。我全身的每一个细胞都认为她对我的评论是错误的……我并不总是需要外出。我觉得,对于我幸福生活的前景来说,这是一场灾难。我娶了这样一个女人:对于我的选择,她感到痛苦,并且进行严厉的批评,但是,我的选择似乎没有任何错!更不用说,出门与人群在一起,这是一种深层次、真实的表达方式,能给我带来快乐。

这些想法一直在我内心翻腾,但是我还是努力保持平静。

"你能再讲几句吗?"我问。

她重复道："你总是需要外出。你总是不能待在家里。"

哟。继续下去。别放弃，我对自己说。

"你能再谈谈你内心的想法吗？你有什么需要吗？"我问。

她再次重复说我总是需要外出，然后又增加了一些新的内容。

"我感觉不舒服，我不想一个人待着！我想有人和我在一起，陪着我！！"

"哦。"这就是她的需要！

尽管我仍然觉得被她最初的话所刺激，但是，当我听到她的需要时，我当下的反应是想要陪她。这种想法取代了我要去市中心凑热闹的愿望。

于是，我就待在家里，虽然我对这段跌宕起伏的过程感到震惊，但我很高兴自己能够在她不舒服或不希望独处时，向她表达我的爱意。她只是需要一些陪伴。能够解读出她的言外之意就能带来这样的改变。

——匿名

当你种莴苣的时候，如果它长势不好，你不会责怪莴苣。你会去寻找它长势不好的原因。它可能需要施肥，或者需要浇水，或者不需要那么多的光照。你从来不会责怪莴苣。然而，当我们与朋友或者家人相处不快的时候，我们就会责怪对方。但是，如果我们知道如何关心他人，他们就会就像莴苣一样，长势良好。责备根本产生不了任何积极的效果，试图用找理由或辩论的方式说服他人，也不会产生任何积极的效果。这就是我的经验。不去责备，不找理由，不去辩论——仅仅去理解。如果你去理解，你表达出对他人的理解，你就能去爱，从而改善一切困境。

——一行禅师

不责怪，不批评

卡拉来找我，因为她认为女儿应该更多地关心她的女儿——卡拉最疼爱的孙女。她认为她的女儿茱莉亚是个自私的坏妈妈。卡拉一边抹着眼泪，一边告诉我，她担心孙女会因此受到冷落，这会影响她的整个人生。她难以置信地摇了摇头，描述了茱莉亚是如何忽视萨拉的，从不花时间陪她玩。

我采用"无过错区"（No-Fault Zone）的游戏，递给卡拉一叠红色卡片，让她找到能够描述她感受的卡片。她流着泪，小心翼翼地拿出几张卡片放在垫子上："失望""受伤""沮丧""担忧""焦虑""无助""绝望"。

"我女儿怎么能这么不靠谱呢？"她抽泣着说。

"当你想到这些的时候，就会千头万绪，对吧？"我问。

"嗯嗯。非常难过。"

"好吧，让我问你一个问题。在这样的处境下，你最期待什么？"我一边问她，一边给她递了一沓黄色的需要卡片。

停顿许久之后，她想了想自己希望茱莉亚做什么，尤其是希望茱莉亚做出什么样的改变。她想起茱莉亚一再把她推开，并且说自己不再需要任何建议。

最后，卡拉把注意力集中在自己身上，意识到她最希望的事情就是被人倾听。她失去了与女儿的连接，想再次亲近女儿。

卡拉停止了哭泣，很明显，她平静多了。我把游戏垫移到她左边。

"你觉得茱莉亚对这样的情况是什么感受？"我一边问，一边在她面前的桌子上放了一张不同的游戏垫。我递给她另外一沓感受卡片。她选择了"沮丧""紧张"和"受伤"，并把它们放在新的垫子上。她继续在卡片里搜寻。

当看到"孤单"和"害怕"的卡片时，她停了下来，皱起眉头，转向我："你觉得她孤单、害怕，是因为我们相处得不好吗？"

当她瞥了一眼自己的感受卡片，又去看茱莉亚的卡片时，她的眉毛放松了。她心里显然有所触动。

我又递给她一沓需要卡片，问她："你认为茱莉亚现在最想要的是什么？"

她把卡片翻了一遍，找出了"理解""爱""关心"和"友善"，并且小心翼翼地把它们放在垫子上。她再次在那沓卡片中搜寻，发现一张写有"被倾听"的卡片，就立即停了下来。"就是它！她希望被倾听。"

她流着眼泪，低声说："她和我的需要是一样的。真不敢相信我和她已经失去了连接。"

——维多利亚·金德尔·霍德森，www.thenofaultzone.com

同理心让我们以一种新的方式"重新认知"[我们的]世界，然后继续前行。

——马歇尔·卢森堡博士

给予宽恕

在我小时候，父亲给我施加了许多身体上的暴力。我的痛苦记忆包括被打、被拖拽，目睹父母大喊大叫，互扇对方耳光。我经常坐在厨房的洗手台前，试图弄明白这一切，内心感到恐惧和困惑。在很长一段时间里，我无法理解我对父亲的感情，也无法用语言表达出来。

多年来，我一直很愤怒和受伤。成年后，我开始意识到这些经历对我的影响有多大。我想获得疗愈，所以我写日记，去接受咨询，参加"十二步骤"①互助会。同时，我也避免与父亲接触。

在私人空间里，我写了很多东西，练习对自己产生同理

———————————
① "十二步骤"治疗是在西方国家非常流行的心理治疗方法，包括十二个步骤，提倡用爱来进行疗愈。

心。我突然意识到，我过去不希望讲出自己被虐待、被忽视或被误解，因为这些标签让我觉得被束缚并感到无助。现在，我尝试与自己受到伤害的感觉建立连接，因为我想从父亲那里得到更多的支持和关心。我生气，因为我对安全和保护的需要在许多场合都没有得到满足；我感到失望，因为即使我是个孩子，我也想要获得尊重和关心；我很沮丧，因为我渴望被人倾听，被人理解；我感到悲伤，因为作为小孩子，我需要感受到自己被重视、被赞美、被疼爱。

我在内心不断地重复这样的对话，随着时间的流逝，我开始对父亲敞开心扉，并且原谅他。通过反思和祈祷，我看到了这些需要的本真之美。它们指向了我心中的某些东西，即使是在暴力之中，也宣示了上苍对我的爱。

在父亲最后的日子里，我有机会和他畅所欲言。我们用充满爱和慈悲的方式进行了一次真诚的交谈。这一切之所以可能，是因为我已经在心里原谅了他。

在生命的最后阶段，父亲因肺病住院。第一次去他的病房时，我试图隐藏自己的感情，表现得像我心目中的男子汉那样坚强。但我很快意识到，假装坚强需要耗费太多精力。

因此，我决定完全放松下来。我哭了，让自己的眼泪尽情流淌。我知道，我在情感上体现的坦诚对他来说是全新的。但是，彻底面对自己让我感到释然。在我多次探访期间，父亲似乎能够接受我，接受我的真诚。我的这种柔弱姿态让我们有机会回忆我们一起度过的美好时光，也让我有机会表达我对他的感激之情，在我的孩童时代，他的确是在以多种方式支持我。

在一次谈话中，我的父亲要求增加氧气。我停顿了一会儿，鼓起勇气说："爸爸，我们已经将它调到最大了。不能再往上调了。"

他什么也没说，我也没再说话。大家知道他马上就要离开人世了。

当天晚些时候，医生给他做了检查，说："如果你还要讲些什么，抓紧时间讲吧。"

那天下午我是唯一的访客，所以我决定和他谈谈——就我们俩。我想和他谈一件事。我握住他的手说："爸爸，在你和妈妈离婚后，我和你日渐疏远，我为此感到遗憾。我们那么长时间都没联系，我很难过。当时我很困惑，需要独自思考的空间。"

"我也为此感到难过，"他说，"那真是一段艰难时期。"

在挣扎着呼吸的同时，他也和我分享了他的一个遗憾："我希望在你年幼的时候，能给你更多的爱。"

我说："爸爸，我原谅你的一切，我完全谅解你。"

他点点头，氧气罩后面的脸庞显得很痛苦。我们静静地相伴，我哭了。

在父亲生命的最后两个星期，我感到很幸运，因为我能陪在他身边。当我们交谈的时候，我觉得自己在某种程度上被疗愈了。我感到悲欣交集：我终于能和他发生连接了，但是为了这次的连接，我却等了很久。父亲已经不能再与我交谈、闲逛和拥抱了，我感到很悲伤。

对他的宽恕给我们父子关系赋予了一种平和与安静的感觉，它带来的疗愈力似乎能够延伸到过去，让我的内心得以修复。我希望他能听到我的这些话，了解到我们共处期间所产生的疗愈效果，并为此感到欣慰。谢谢你，父亲！

——詹姆斯·普列托，www.compas-sionateconnecting.com

通过倾听，了解人们需要什么，而不是去了解他们在思考什么。

——马歇尔·卢森堡博士

室友冲突

在昂贵的旧金山湾区，我曾经很幸运地遇到几位很棒的室友。我们开始互不相识，最后成为朋友。我们一起做饭，一起搭车去机场，一起共度每日的闲暇时光。我不明白为什么有人喜欢独居，而不是通过合租建立一种互助模式。

在我 30 多岁的时候，我遇到了莫莉，我们决定合租，住在一起。在相处的前几个星期里，我有一点不安，但我也不是特别担心。是她的防御心理太强烈，还是我过于疑神疑鬼？我那时已经有过与很多人合住的经历。大多数情况下，只要我们确定了家务排班、淋浴规则，以及访客过夜细节，一切就都水到渠成。

但是，我和莫莉之间的问题就没这么好解决。莫莉常常显得紧张不安，我们的日常交流也跟着紧张起来。通常情况下，我们可以把事情解决妥当，但这需要付出努力。在一起几个月后，我发现我越来越回避她了。回避她让我觉得更轻松。但是，这种回避造成的后果就是，当我们最终遇到更大的挑战时，我们的连接"银行"里就没有太多的"资本"。

我一直为自己与人相处的能力而自豪，但是在与莫莉的互动上，有时候我会变得急躁。有一天，我看到她写的一张关于客厅双人座椅的便条，差点气炸了。我刚刚将那把椅子捐给了一位老师，放在他的教室。她的便条是这样写的："椅子不见了，很让人伤心。现在再也找不到让人舒服的椅子了。"

真的吗？我足足生了5分钟的气，然后深呼吸一次，提醒自己经常教导访客面对"困难对话"的基本原则，然后去找她，看她是否有时间与我谈谈。她的神情看起来很严肃。她点点头，没有一丝微笑，我不得不再深呼吸一次。在这个时刻，我把她当成最重要的一位老师，所以我必须主动地提醒自己，我要回到慈悲的状态，并安住在上面。

"嗯，"我试探性地说，"我看到了这张便条，你似乎不开心。你不希望我把椅子送给别人？"

"是的！"她回答道，"现在我没有地方坐了。我不喜欢那张新椅子，沙发也不舒服。因此，我在客厅里找不到一个舒服的地方。"

"嗯。好吧，你坐沙发也觉得不舒服？新椅子也没有旧椅子那样让你感到舒服？"我向她确认。

"是的，不舒服。客厅的一切都显得很糟糕。你改变了整个房间。"

"所以，你还觉得客厅的格局也不协调了。新的家具也让你不舒服。"

"是的！你看看！我的意思是……"她摊开双手。

"好。你讨厌客厅发生的变化。"

"是的！"她用恼怒的声音说，"我回家一看，客厅都变样了！"

"嗯嗯，我知道了。听起来……我猜，这可能与你想在回家的时候需要舒舒服服的有关系？"我问。

"是的，你看，我劳累了一天，刚刚下班。工作有些不顺心，我感到有些压力。"她深叹了一口气，双肩耷拉下去了。

"嗯，"我点了点头，"好，你不开心也有工作压力的成分。"她点点头，再次叹气。过了一会儿，我稍微调整了策略："问题是，我也有点困惑。在这之前，我也提到两三次，说要处理旧的双人座椅。我告诉过你我想用一些新家具换下那些脏兮兮的旧家具，并且问你希望新家具是什么颜色。后来，你也问到旧家具将要怎么处理。因此，我原以为你对我的计划已经很清楚了……"

"是的，但是，我没想到事情会发生得这么快！"她脱口而出。

"好。"我深呼吸，然后闭上眼睛，停顿片刻。我真的很想厘清自己的思路，但是我还是尽量回到她身上："你有点震惊。"

"没错。"她说。

我等着看她是否还想说点什么，但她用期待的目光看着我。我试图找回自己的思路。

"我很困惑，因为我原以为我们已经就这件事讨论了几次。我记得你当时并没有提出任何顾虑。现在你又震惊又沮丧，这让我感到有点无所适从。你没发现我现在也有点困惑吗？"

"我不知道事情会这样发展。我几个月后就要搬出去了，你为什么要做出这样的改变？你不能等等吗？"

现在轮到我吃惊了。她希望我等她搬走之后再换家具？她一直计划搬走，有一段时间，她又取消了这个计划。我觉得我的身体僵住了，但还是试着和她交流。

"好吧，所以你现在真的想安顿下来？你想获得安稳的感觉？我是不是已经理解你了？"我问道，但是也不太肯定。

"唉，我手头上有很多事情要办。我要做很多事情，没错，我希望这里能维持不变。我希望在这里获得家的感觉。"

"我明白了，就像一个庇护所。"

"是的。"莫莉说道，她看起来更加平静了。

"好，我明白了。我也希望我们住的地方对于我们都像是庇护所，当我在我们共同的家做某件事的时候，我很乐于不断地获得你的反馈。但是让我停止装修计划，这太让我为难了。我已经用了很长时间老旧、便宜的家具，能够置办一些更好的东西，这对我来说意义重大。你介意将你的想法告诉我吗？这样我就能够了解我们沟通到什么程度了。"我问道。

"好，当然可以。你觉得装修让你感觉很好。"她说。

"没错，很大程度上就是如此。"我点点头，"我还想说清楚，我并不是想在你眼皮底下，不顾你的感受做出改变。我不介意接受你的意见，因为我也想让你对这个地方感觉良好。这样可以吗？"

"我觉得可以。"

"好。这把新椅子让你感到吃惊，对此，我很抱歉。我并不热衷于购买新东西，因此，在接下来的几个月里，我不会改变太多。但是偶尔看到喜欢的东西，我还是会买的。"

"好，没问题。如果你想做较大的改变，能不能提前告诉我？"她问道。

"没问题。"我感到释然。

我们解决问题的方法没有什么神奇之处。当时我仍然感到恼怒。事实上，有好几天我都想提醒她，她原来是多么讨厌那把旧椅子，她当初是如何选择保留那张不舒服的沙发的，而我从一开始就想要一个新沙发。

尽管如此，我们都觉得自己在很大程度上被人倾听，在谈话过程中，我们的态度也有所缓和。对于我们来说，这已经足够好了。

——匿名

同理心是这样工作的：清醒地接纳一切，不勉强自己，也不失去真正的自己。

——马克·尼波

疗愈的小手

我没有让任何人陪我。对我而言，自立意味着能够独处。承认自己需要他人的支持就已经够尴尬的了，主动寻求他人的支持，那就更难堪了。

在医务室里，我阅读了所有手术资料，这让护士很吃惊。我看了资料中的介绍，他们要在我乳房里留个金属标签。资料上面写道："标记位置"，我拒绝了。看！我根本不需要人陪。

这个过程被称为"芯针活检"。医生想确认我乳房里发现的肿块是良性的。我完全相信他使用的这种乐观措辞。针头很小，就像针线包里的针一样，所以我准备好挨上这一针。

我躺在手术台上，医生在我的身体上方来来回回进行操作，我深深地意识到我的孤独。我发誓再也不"单独行动"了，至少在接受医疗手术时不会再单独行动。我认为独来独往并不能证明我的能力或坚强，它只会让我感到孤独。在我沉入这种孤独的状态后不久，我意识到这不是我所熟悉的小针，它相当大。医生试图隐藏它，这样，从我的角度看，它显得很小。医生从他的过往经验中发展出这种策略。

医生启动了活检针，它就像节日里切割火鸡的电动切肉刀一样嗡嗡作响。当这台机器进入并离开我的乳房时，我能感觉到它的拖拽，它取走一块组织的核心。我后来了解到这块组织的大小相当于2号铅笔的直径。积极的一面是，手术过程很短，检查结果是良性的。

经历了这样的磨难后，我开车去朋友家，计划和她相聚。在路上，我意识到自己受到了惊吓，我看似平静的面孔下充满了恐惧。但我是独自一人承受这些，你们知道吗？我继续前行，穿过她的房门，丝毫没有对自己的情绪进行任何处理。我走进了朋友家朝气蓬勃的欢声笑语之中。

他们两岁的儿子以斯拉穿着睡衣跑来跑去。他有一双天真无邪的棕色双眼，一头鬈发在精致的眉毛前方欢快地跳跃着。他注意到我，蹒跚着跟我打招呼，然后咯咯地跑开了。我想安静一下，在一个角落里找到了一张舒适的躺椅坐下来。我开始哭起来。

我的身体开始陷入到恐惧和孤独之中，这是我躺在医务室手术台上的感受。我感到内心深处有什么东西在搅动，这让我很吃惊。然而，考虑到房间里有一个孩子，我敏感地压制我的反应，让它不那么强烈，这样就不会吓到小孩子，也不会让他产生困惑。以斯拉不可能知道我为什么会掉眼泪。他沉浸在自己的幻想之中，像袋獾那样迈着步子，微笑着，沉浸于自我之中。

每次我去他们家的时候，以斯拉总是忙自己的事情。但是，这次，当我流下眼泪之后，以斯拉靠近了我。他连单词都不会讲几个，更不会讲出成型的句子。他将双手放在我的膝盖上，站在那里。我现在还记得，他两岁的小手掌触碰到我皮肤的感觉。虽然在此之前他从未把手放在我身上，以斯拉——这个连路都走不稳的牧师——却稳稳地放置着他的双手，似乎要一直放到永远。他凝望着我的双眼，我接受到的是充满好奇的温柔目光。

这个小家伙似乎被我的伤痛所吸引。他充满疗愈力的双手传递着温暖。我的神经系统恢复了平静，我觉得自己被人看到。我不需要向这个小精灵详细说明我今天的悲惨经历、我的选择、我的遗憾和恐惧。与他在一起的时刻就足够了——简单，但是充满力量。

我感到一种深度的陪伴进入到我的内心。突然，他笑了起来，转过身返回到他那两岁的世界中去了。以斯拉的好奇、陪伴和连接能力一直让我感动。如今，小以斯拉变成了一位朝气蓬勃的15岁高中生了。他的心灵依然是那么开阔，而我的心也因为他而变得更开阔。

——塞拉·梅内塞斯，www.com-passionatereturn.com

最终，我学会了将评价转变成感受和需要，并且对自己抱以同理心。

——马歇尔·卢森堡博士

约会、自爱、超越拒绝

"脸皮薄"这个词不足以形容我经常经历的那种强烈的情

绪起伏，尤其是在恋爱关系中。当我产生自己被拒绝或被抛弃的想法时，就感到非常痛苦，这些想法通常会引发令人崩溃的自我怀疑、愤怒和痛苦。

作为非暴力沟通的学员，我听过马歇尔·卢森堡的 CD，也在 YouTube 上无数次观看过他的视频。我练习过他的自我同理方法，对"自我同理"这个简单概念具有的转变力量感到敬服。

我和一位名为汤姆的男生约会了四个月，之后，他突然断绝了和我的所有联系，这让我亲身体验了自我同理的转变力量。这段短暂的关系对我是一种极大的挑战。我总是把他的需要置于我的需要之上。我当时感到缺乏自信，很依赖别人，部分原因是我父亲在我们约会期间去世了。在我敞开怀抱，完全接纳他之后，面对他的拒绝，我受到了很大的刺激。

在开始的时候，我们还算顺利，因为我对这段关系寄托了许多希望。我说："我知道我们并不一定会厮守终生。我喜欢你，喜欢和你在一起。我想知道，你是不是还在和别人约会？你跟我的感受是不是一样？"

汤姆说："我跟你的感受一样，对其他人根本不感兴趣。但我担心没有足够的时间陪你。我有很多事情要做，在最近几个月里，我的时间都被安排得满满的，因为我正在努力让我的生意运转起来。"

我们约定每周至少见面一次。让我感到鼓舞和欣慰的是，在我向汤姆分享我的真实需要，表达自己不舒服的感受时，他的反应是如此接纳，并且和我一样诚恳。这让我很感动。

我们初次过夜后，汤姆好几个星期都没有联系我。我没有立刻做出任何猜测，几个星期过去了，几个月过去了，他还是没有任何回应。这是痛苦的，但是我还是能够坚持下去，任由一系列的情绪席卷我：震惊、困惑、愤怒和悲伤。我安抚自己的一个方法是看一些有关"突然玩失踪"的视频和文章，它们讲的是在没有任何沟通的情况下，突然结束一段关系。了解到"突然玩失踪"的做法是如此普遍之后，我解开了自身的束缚，不再把被人拒绝看成个人独有的遭遇，也不会指责自己，认为自己不可爱，不受人欢迎。

但是，我依然对汤姆感到愤怒。我不断地检视自己的感受和需要，以此应对内在的旋涡。我需要对自己诚实，甚于需要他人的诚实。虽然我感到失望和悲伤，但是，我也感到极大的宽慰，汤姆想要中断关系的时候，他就中断了关系。如果他等到我对他的感情变得更加强烈后才和我断绝关系，我一定会受到情感上的创伤。

当我继续检视自身时，我注意到另一个熟悉的模式：我在拿自己和其他幻想出来的女性进行比较。没有什么比陷入不安和焦虑的深渊更令人痛苦的了，因为人们会认为与别人相比，自己没有吸引力，不可爱，不有趣。我努力地提醒自己，即使汤姆钟情于其他女子，这也无法反映我的价值和能力。这仅仅是他做出的一个选择而已。

虽然这种同理的过程并不容易，也充满痛苦，但它远没有我当初想象的那么可怕。事实上，这让我更有勇气向我在乎的人表达自己的需要，更尊重他人做出的那些不符合我心意的选择。通过这些方式替自己打气，我给自己提供了一种内在的爱和价值，这是任何外部力量都无法提供的。

——玛丽·罗芙

虽然付出了努力，但是，我们可能依然发现自己无法或不愿意产生同理心，这通常是一个信号，表明我们缺乏对自己的同理心，因而没有能力向别人表达同理心。

——马歇尔·卢森堡博士

与妈妈的连接

在我成年以后，我和妈妈的关系就变得很紧张。我们大概一个月通一次电话，在电话中，她告诉我该做什么，我告诉她该做什么。谈话时间不长，徒具沟通的形式而已。

在完成了一年左右的非暴力沟通培训后，我住进了一座禅寺。借助于这种特定环境，我意识到，如果我能对我母亲表达的一切抱以同理心，或许可以改变与她的关系。我知道这并不容易，所以针对我的计划，我也准备了一些安全措施。只有在我头脑清醒，情绪稳定的时候，我才会打电话给她。只要觉得自己失去了同理心，我就挂断电话。我计划每个星期给她打一次电话。

在第一次打电话之前，我回想了一下妈妈说过的能够刺激到我的话，以便提前准备好新的对话方式。

当我们通话时，不需要过很久，就会进入一些熟悉的主题。

"你为什么要住进寺院呢？"她问，"你花了那么多钱读书，最后却不能学以致用？"

我回答说："你感到无法理解，对吗？我猜，你希望我拥有安全感，万事都很顺利。是这样吗？"

"嗯，是的。你为什么不工作呢？"她继续问。

"听起来你似乎在担心我。"

"是的。"她说，尴尬的停顿之后，她随即就切换了话题，"你能去看看你妹妹吗？她不给我回电话。"

我本来可以直接回答，但我知道这是一个多层次的问题。我问："当你不知道她在哪里，不知道她在做什么的时候，你就会感到恐惧，对吗？"

"是的，你明天能不能去看看她？"

"嗯，你实际上是需要和她有些连接，知道她是安全的。是这样吗？"

我们的通话就这样进行下去。在这样的通话过程中，有时候我会开始为自己的决定辩护，当我觉察到这一点之后，我就挂断了电话。我妈妈一开始不知道该怎么运用同理心。在通话的时候，我们经常出现尴尬的停顿，然后，她沮丧地说："为什么你不回答我？！"我觉得她一开始并不觉得和我有什么连接。但是，对于我来说，效果是立竿见影的。我感到自己比以前更有活力，也更喜欢以这种方式和她交流。我以诚恳的方式讲话，并感到很满意，但是也感到有点困难。

我每个星期给她打一次电话，这样持续了数个月，每次都向她表达同理心。渐渐地，我听到她的语调变得柔和，我将这解读为她的心向我敞开了。慢慢地，她不再频繁地告诉我"应该"怎么做。

大约过了六个月，发生了一些新的变化。她照例让我去看看妹妹，因为她没有妹妹的消息。像几个月来一直做的那样，我对她表达同理心，感受她的痛苦，并且让同理心贯穿我们整个互动的过程之中。有生以来第一次，我听到我的妈妈表达出她的感受。

"是的，那真的很痛苦。"她说。我愣住了，似乎有一只珍稀的小鸟刚刚落在我旁边。

我温柔地说："我知道，那很痛苦。"

慢慢地，在我们通话的时候，她表达了更多的感受。伴随着这种情感的表达，她对我的生活产生了真正的好奇，也愿意探索我觉得有意义的事情。这是我多年来一直所渴望的。我清楚地记得，她第一次以真诚的方式询问我生活的情景，尽管那是发生在 15 年前的事。

她问："你住在寺院里开心吗？"

"开心，妈妈。"我说。

"好，只要你开心就好。"她对我表示认可。

在这些日子里，妈妈和我都很享受这种相互之间甜美的亲情和尊重。我们经常在电话里聊天，我每年也看望她几次。她告诉我，我是她生命中唯一可以倾诉的人。

——拉舍勒·洛维 - 查德，www.wiseheartpdx.org

人们的目标是通过同理心建立连接，给人启发，从而战胜暴力，建立合作关系。

——马歇尔·卢森堡博士

巴掌，而不是亲吻

在看望我的儿子和两个孙子之后，我准备和他们道别。当我俯身告别，并打算亲吻两岁的孙子时，他打了我的脸。

我吓了一跳，一动不动地站在那里。我的儿子立刻把我的孙子抱起来，说："你奶奶要走了，你不开心吗？"

我的孙子哭了起来，说："是的，我不想让她走！"我的儿子说："我知道你很伤心，不想让她走，但打她并不是解决问题的办法，宝贝。"

他用甜美温柔的声音拍拍他儿子的背："我知道你很伤心。我知道你不想让她走，但在我们家，我们生气的时候不打人。我们用语言来表达。"

他完全站在小孩的角度，没有任何惩罚的心态。他同时也关心我的感受，把手放在我肩上，说："妈妈，你感觉怎样？你还好吗？"

"是的，我很好，"我回答，"只是有点吃惊。我原本是要亲亲他，没想到却挨了一巴掌。"

他同时对我和他的儿子给予了同理心。拥有这样一位父亲，我的孙子多么幸运啊。

——梅尔·艾莱特

如果不能与感受和需要发生连接，对于一个已经不堪重负的人来说，任何建议不过是干巴巴的信息。

——拉舍勒·洛维 - 查德

帮助孩子的新方法

在我们上第三堂课的时候，一位正在县监狱服刑的女子南希说，她和儿子雷进行了一场令人不快的通话——雷和他的妻子大闹一顿，然后搬出了自己的家。

"我的婚姻完了。"雷在电话里对他的母亲说。

南希说她有一种熟悉的冲动，想去说服雷，让他再和妻子谈谈。她承认，如果这段对话发生在过去，她会跳过去，大喊着不让他离婚，并指责他将婚姻搞砸了——这样做是为了让儿子承担更多的责任。

南希说，因为我们在课堂讨论中提到，批评和指责会给人带来巨大障碍，她思考再三，意识到她不希望用羞辱和霸凌来强迫儿子回归家庭。

相反，她说："雷，很抱歉，我过去一直责怪你做错事，还给你贴上一堆标签。我希望能用不同的方式和你沟通。因为你渴望获得家庭的宁静，所以感到气馁、绝望，对吗？也许你很焦虑，希望和妻子的关系能够得到改善？你是否并不希望离婚，而是想保持家庭的完整？"

雷没有用他一贯的防御性态度进行回答，而是崩溃地哭了起来。他告诉母亲他有多痛苦，他有多爱他的妻子和孩子。他很绝望。他明确地提到，南希以这种新的方式倾听他，他感到如释重负。

他们继续谈了几分钟，虽然在放下电话后，南希对自己的新方法感到满意，但她不知道雷和他妻子之间接下来会发生什么，因为情况听起来很糟糕。但是，几天后，当她再次和雷通话时，雷宣布他已经搬回家了，他和妻子开始通过沟通解决问题。

——梅甘温德·依沃扬，www.baynvc.org

运用同理心的能力能够让我们以柔克刚，化解潜在的暴力，听到"不"的时候，不要将之视作拒绝，要从苍白的对话中寻找生机，在静默之中听到对方的感受和需要。

——马歇尔·卢森堡博士

在争吵时使用同理心卡片

当我遇到丹尼尔时，他告诉我他有两种情绪：愤怒和不安。那只是我们第一次约会，所以我没有强迫他，但是我是一个爱胡思乱想，并且非常情绪化的人，我知道我想要和他在更深的情感层面建立连接。

在我们开始交往的时候，我正在学习非暴力沟通。当我练习这种沟通方式时，他有时会生气地说："你就不能像正常人一样说话吗？你只是在用疑问句来回复我！"

我对他反唇相讥："你是想去解决问题，而我则想感受同理心！"

我曾经听说过一种名为 GROK[①] 的同理心卡片游戏，我

————————

① 字面意思为"通过感觉意会"。

觉得它应该可以通过一种有效的方式帮助我们建立连接。在这个游戏中，有一沓卡片全部是关于感受的，例如"愤怒""悲伤""开心"。另一沓卡片是关于需要的，例如"连接""安全""健康"。丹尼尔不愿意尝试这种游戏。但是，最终他还是同意，如果我们再次发生分歧，他愿意使用这些卡片。

机会终于来了。有一天，丹尼尔告诉我，他答应前女友，在她不在家的时候帮她照顾他们曾经一起养过的一条狗。也就是在同一个周末，我们计划一起举办一个工作坊。当意识到他无意改变照看狗的计划时，我情绪起伏，觉得没有安全感，进行各种评价。我也注意到，丹尼尔在我们谈论这件事的时候不断为自己辩护。我们决定用 GROK 卡片来帮助我们解决问题。

他率先开始，选出一些感受卡片——"犹豫""挫败""伤心"。他说他的前女友莉莉真的很担心没有人帮忙照顾狗。他们当初养狗时，他曾经做出过承诺，她想让他履行当初的承诺。他很伤心，因为他忘记有工作室的约定，他担心这会造成我们之间的裂痕。他也很想念他们的那条狗，希望去陪陪它。

　　我将一些需要卡片抽出来给他，问道："你现在受到诚信的驱动吗？因为你想信守对狗狗的承诺，所以想要去帮忙？"

　　他表示同意，似乎显得没那么紧张。我继续说："因为你很想念狗狗，所以也希望和狗狗建立连接，对吗？"

　　他回答说："是的，我每次去陪它的时候，你似乎都会对我进行评判。"

　　"因此，你想获得更多的理解，希望我理解狗狗对你很重要，你对它做出的承诺也很重要，对不对？"我问。

　　"完全没错。"他说。我看到他的身体放松下来。

　　当轮到我选择感受卡片时，我摆出的卡片是"失望""焦虑"和"愤怒"。我向他解释，如果我们不能一起去举办工作坊，我将有多失望，因为我真的对这次的工作坊充满期待。他将前任女友和狗狗看得比我更重要，这让我很焦虑，我对自己这样想问题也感到很愤怒。

　　丹尼尔回答说："你对我感到失望，这让我很难受。"

　　"我不是对你失望，我只是感到失望。这两者是不同的。"我说。他说他从来没有想过这两者之间有什么区别。

　　当他为我排出需要卡片的时候，他帮我选择的是："安全""信任""亲密"。

他说："你似乎真的很期待我们一起去举办这个工作坊，从而感受我们之间的亲密关系。"

我点头。

他继续说："你不想变动我们俩制订的计划，这样你就可以从我们的关系中获得安全和信任？"

听完他的话后，我感觉到内心的压力在释放，我回答说："是的，当然。"

这是我们关系的一个转折点，因为我们知道，在冲突中，我们可以从对方的角度来看问题。用这种方式建立连接之后，我们感觉更亲密了。

还有一次，我注意到他因为什么事不高兴。我问他发生了什么，他说："我不知道！去……把卡片拿来！"我掩饰住自己的笑意，把卡片拿给他。我很高兴他愿意鼓起勇气，变得柔和，与我建立连接。

如今，我们不再使用卡片了，因为我们不需要了！丹尼尔已经对自己的情绪培养出觉知力，当我处于情绪的挣扎中时，他就欣然来同理我。在练习同理心的时候，我的语言能力增强了，我更能专注于倾听，而不是进行审问。我们已经培养出一种简单、有意义的语言习惯，并借助它连接彼此。我们非常欣慰！

——贝卡·凯利

智慧伴随着我们所有人，它需要我们通过自身的体验去领会。如果我们面对、接纳遭遇到的一切，智慧就会向我们显现。

——马克·尼波

援救内在的小孩

一位年轻的女士在亲子教育方面出了问题，她想参加我的课程来解决问题。当她年幼的女儿生气时，这位女士就感到害怕。面对这样的情况，她无法和女儿沟通，也不知道该如何做，只是手足无措。

我发现，她的女儿在成长的过程中，与母亲的关系非常糟糕，这对她的成长产生了负面的影响。在极度生气的时候，她的母亲甚至暴揍她，有时还惊动了警察。

我指导她进行"同理心的时间旅行"，采用内心的沟通或者内在"援救"之类的方法。这种方法有不同的名字，它能够让我们大脑的某部分启动，从而让过去的记忆复苏。如果过去的问题没有获得解决，它们就会在我们的记忆和身体中处于活跃的状态。这是创伤后应激反应的根本原因。

我问那位年轻女士是否愿意回到过去，去"援救"她内心那位处于困境的小孩，她同意了。

我们回到过去，并且通过让时间凝固的方式保证环境的安全。我们也让她的母亲凝固，无法动弹。我们让她的母亲躺下，给她盖上一张床单，这样在房间就看不到她母亲有任何愤怒或恐惧的迹象。然后，我们陪着她内在的小女孩坐着，尝试着同理她。

我们猜想这个小女孩感到非常害怕。我们想知道，她的内在小孩是否需要被人看到她的存在，并让人了解到，她的需要也很重要。我们触碰到她的感受——呆滞、恐惧、疲倦、疼痛和无助。

当我们这样进行下去的时候，这位女士意识到她的内在小

孩是多么需要保护，没有人愿意把自己的母亲当成痛苦和恐惧
的来源。

我让她继续将身体中的这个形象看成是一个小女孩。当
我们继续尝试猜测这位小女孩的感受和需要时，小女孩从胎儿
的姿势舒展开，慢慢地站了起来。这位女士正在被同理，当她
"看到"这位舒展开的小女孩时，她说："哦，天啊，她是多么
强壮！"

我问她是否希望将过去的自我带到当下。当然，这么多年
来，她已经熬过来了，不需要再次经历这些。那个困在记忆里
的小女孩只是被困住了。她陷落于过去，因为过去让她感到艰
难，那时候，她无人陪伴。我们邀请这位小女孩回到现在，她
欣然同意。她滑过时间和空间，回到此时此地。内在的小女孩
回归到现在，让这位女士如释重负。

"现在，当你女儿愤怒的时候，想一想她的面孔。这是什
么样的感受？"我问。

"哦，她不过是个小女孩。她看起来像我，也像她的父
亲。她不再仅仅像她的外婆了。现在，我在想她为什么如此
愤怒。"

很明显，穿越时光与她内在的小孩建立连接之后，这位女士对她孩子的愤怒产生了完全不同的感受。一个月以后，我和她联系，想知道她的新体验是否稳定。

她说："是的！当我的女儿沮丧的时候，我不再感到恐惧了！"

我认为这体现了同理心的力量。同理心在许多层面都能够改变人们的生活，增强人们的幸福感。

——萨拉·佩顿，www.yourresonantself.com

我们需要通过同理心来给予同理心。

——马歇尔·卢森堡博士

掉落的蓝莓

有一天，我在办公室工作时，听到 3 岁的女儿在尖叫。我在家里用一间小卧室当办公室，门板很薄，所以我什么都能听到。她在饭厅里大发脾气，又喊又踢。我暂时不想管她，但是她还是一直在闹腾。我知道我的妻子与她在一起，但是她丝毫没有消停的意思。

我试着集中注意力，做自己的事情，但是我被她的尖叫声搞得心烦意乱，烦躁不安。我冲出办公室，心想：我需要她闭嘴！我需要安静！

我冲进饭厅，离她只有几米远。我想问她：你怎么了？小声点！但当我走近她时，心里突然开了窍。我停下来，深呼吸一次，将注意力转向内心。

在停顿的时候，我在内心反复说：我需要她闭嘴。但是，我接着问自己：如果我让她安静下来，我能获得什么？这能给我带来什么？真实的情况是，我需要获得不同层次的支持，获得更多安静会对我有帮助。

一旦我这样与自己的感受和需要建立起连接，我就觉察到一些变化！

我不再心急火燎地想让我的女儿闭嘴。我与自身建立了连接，感到内心发生了变化。

我发现，我能够同理她，对她产生好奇。我问："怎么啦？出了什么事？"

哦，原来是妈妈给了她一碗加了牛奶的蓝莓，结果好几颗蓝莓从碗里掉出来，落到地上。在她3岁的头脑里，这破坏了这碗蓝莓的完美性。

我问她："如果我再给你三颗蓝莓，是不是就没问题？"

"是的。"她说。

我又给她拿了三颗蓝莓，她的哭声停止了，不再蹬腿闹腾了。

事情的解决不是因为我与自己对安静的需要建立了连接，而是我寻找与女儿的连接，并想办法满足我们两人的需要。

自我同理帮助我产生这样的转变。如果我没有自我同理的技巧，可能就会与我的孩子们建立完全不同的连接。他们可能会把我看作一个易怒的恶魔。但是，我愿意与自我建立连接，放慢节奏，然后思考：发生了什么？如果有办法，那么就找出办法。

这就是区别。自我同理能让我轻易产生这样的转变。这些小小的转变就能给我的人际关系带来巨大的改善。

——艾伦·赛义德，www.cascadiawork-shops.com

带着同理心提供温柔体贴的陪伴……能够带来启迪和疗

愈。我相信，在这样的情况下，深入的理解是我们相互之间能够给出的最珍贵的礼物。

——卡尔·罗杰斯

爱的不同形式

在和妻子买下我们的房子时，她怀孕了，所以在孩子出生之前，我们必须要按计划把该做的事情完成。我们知道时间不够，因此商定好按照轻重缓急来实施。例如，我们知道，因为她要居家分娩，因此需要提前将卫生间弄好。

我的妻子是个完美主义者，对细节的关注程度无人能及。她木工活干得不错，所以负责大部分的装修项目。在处理橱柜的时候，她让我先去做别的事情，做完后再马上回去给她帮忙。大多数时候，这种工作模式都能顺利进行，但是，当我们慢慢感受到时间紧迫带来的压力时，就开始互相抱怨起来。

非同理回应示例
教育
"着急是没有用的。"
"凡事都有两面性。"

"你去量一量这个好吗？"她问，"把它放在这里，量一量。"

几分钟后，我告诉她："大约 12.5 英寸。"

"不，我需要你用 64 分刻度进行测量。应该用另一面的刻度。"

"好，12.5。"

她对我粗枝大叶的测量感到恼火，她的恼火是有理由的，因为我是个粗心大意的测量者。我甚至不知道卷尺上有这样的标记。我以前从来没有按照 64 分刻度计算长度。

她感到很恼火："我需要非常精确的测量。"

"那个刻度在下面，没人会用那个刻度的！"我说。

因此，她对我大发脾气。最终，我们达成一致，我不应该再进行测量的工作。我开始明白她所说的精确性到底指什么。

"你是不是希望这个浴室既美观又实用，所有部分都能严丝合缝地组合在一起？"

"是的，是的！"她说，"你要用每英寸被分成 64 个刻度的那一面进行测量。"

之前我认为她太挑剔，控制欲太强了，现在，这种想法突然消失了。

"你希望它被装修得美美的。你计划我俩在这所房子里住很久,因此,希望所有部分都组合得完美。"

她缓了一口气,我仿佛感到整个空间都放松了下来。之前,整个房间充满了火药味,但是现在氛围立刻变得柔和了。我们相视一笑,欣赏着我们漂亮的新家。

——克里斯汀·马斯特斯,www.nvcsantacruz.org

非暴力沟通的目的不是改变他人和他们的行为,给我们自己带来方便,而是基于诚实和同理心,建立人与人之间的关系,最终满足每个人的需要。

——马歇尔·卢森堡博士

崩溃的祖母

我的两个孙女小时候经常和我在一起。在相处的时候,我们有欢乐的时光,也有充满挑战的时刻。在她们俩分别是8岁和10岁的时候,她们经常一起玩得很开心,但有时情况会变得不妙。

通常是年幼的萨曼莎开始大声喊道："奶奶，杰西卡欺负我！"这种告状的行为往往刺激杰西卡，她会叫得更凶。

当听到萨曼莎这种哀怨的语调时，我感到不知所措和沮丧。我想：哦，糟糕，又来了！这种事情通常发生在我感到疲惫、头脑迟钝的时候。这时候，我就会祈祷，希望她们的父母来把她们接回去。

她们回去后，我感到如释重负：她们再也不会打扰我了。但是我又开始自责起来了：我是一位糟糕的祖母。做祖母的不应该这样。做祖母应该是一件很开心很美妙的事情。她们是我的孙女！我应该无条件地爱她们，永远不会感到恼怒或不耐烦！其他做祖母的人不会这样——只有我才这样。

在参加了一个有关沟通的研讨会后，这种情况得到了改善。当两个女孩开始争吵时，我突然想试着去倾听她们，就像我在研讨会上倾听他人那样。我深吸了一口气，感到了那种熟悉的绝望，也觉察到自己想大喊：哦，不要再吵了。你们为什么不能好好相处呢？

但是，这时候，我并没有喊出来。相反，深呼吸了几次之后，我说："哦，萨曼莎，你是不是感到难过？"

突然，整个房子里呈现出不同的氛围。

我再深呼吸一次，再和她进行反馈："发生了什么？"

我们一起分析为什么她们彼此会闹矛盾。这样做至少暂时能够让我应对自如。

我很惊讶地发现，做出新的选择后，我不再像平常那样："哦，天啊，她们又在打架了。我希望她们的父母赶快过来。"

现在，我很高兴我能笑着应对它。我花了一段时间才意识到，愤怒很正常，希望她们停止争吵也很正常。我已经尽力了。我很开心，自己采用了新的处理方式，碰到棘手的问题时，这有助于我和两个孙女更轻松地建立起连接。

——安妮·沃尔顿，www.chooseconne-ction.com

当你对他人表现出深刻的同理心时，他们的防御能量就会降低，正向能量就会增长。这样，在解决问题时，你就更具有创造性。

——斯蒂芬·柯维

对猫咪产生同理心

几个月前，我经过美国防止虐待动物协会（ASPCA）一辆满载猫咪的货车。我走过去看了看，发现了一只叫凯登的猫。我喜欢爱尔兰名字，所以它引起了我的注意。我的家里已经有两只猫了，也不想再养第三只，但我还是无法抗拒凯登。它是如此温柔，像个深情的小男孩，目不转睛地望着我，又像是一个希望被人拥抱的婴儿。我不忍心把它留在货车里，因此，我将凯登带回了家。

我的室友很吃惊，其他的猫咪也很吃惊。ASPCA 的工作人员告诉过我将猫咪带入新家庭时该如何做，我完全按照他们的吩咐行事。我把它抱到我的卧室里，另外两只小猫和它通过门缝互相嗅着。一切看起来很顺利。

有一天，凯登显然厌倦了被独自关在房间里。它逃离房间，和其他猫咪剑拔弩张，场面即将失控。我从来没有想到，这只温柔甜美、深情可爱的小家伙会对其他猫咪表现出如此强的攻击性。它径直冲向我的猫咪谢默斯并攻击了它。谢默斯恐惧地哀嚎起来。我不得不把谢默斯和这只大毛球分开，太可怕了。

我惊慌失措，冲着凯登大叫："停！停！不要惹它！"我很难过，也担心谢默斯。看到谢默斯被它扑倒让人心惊胆战。另一只名为艾迪的猫躲在衣柜里，尽可能不惹上麻烦！

虽然我尽量将他们分开，战斗还是持续了八个星期。后来，我将它们放在外面，以为更宽敞的空间可以给它们一些安全感。但是，凯登还是追上谢默斯，扑倒它，我可以听到它们的咆哮和尖叫声，又是一场战斗。我从小到大都养猫，从没见过这样的场面。这样的情形持续了几个星期。

遇到这些麻烦后，我给动物诊所打了电话，向宠物行为心理学家描述了它们之间的争斗。但是她的回答让人相当沮丧。

她说："唉，我真的不想告诉你，但我觉得你应该给凯登另找一个家。从长远看，这样下去不是办法。你所描述的行为——攻击其他猫——有点极端。也许凯登不能跟其他猫一起养。"

因此，我开始为凯登物色新家，尽管我为此很伤心，但我不想放弃它！每次猫咪打架的时候，我都跑过去阻止。我态度很坚决。

我的室友说："戴安，我觉得你是在雪上加霜，因为它们打架让你感到恐惧。你感到紧张，于是便对它们大喊大叫！"

　　她说得没错。我以前没有想过这个问题，但是，恐惧转变成攻击性是很正常的。我猜我的恐惧可能增加了猫咪之间的攻击性能量，因为我知道它们一开始都很害怕。

　　这种觉悟让我对凯登产生了全新的同理心。我一直不明白为什么它对我是如此温柔，但对其他猫咪却如此凶狠，现在总算想通了。它非常渴望爱，因此，其他猫咪的存在让它感到了威胁和不安。它当然会感到害怕！它处于全新的环境，而其他猫咪早就居住在这里。

　　我彻底改变了策略。在谢默斯进来之前，我抱起凯登，向它释放了许多的爱意，我对它说："我只是想让你知道，你来到我家让我多么开心。我非常喜欢你的陪伴。我想你会喜欢谢默斯的，因为它很喜欢和其他猫咪在一起。"

　　开始的时候，谢默斯看到我将这只恶魔抱在腿上，不敢进屋。它试探着前进，双眼盯着我们。凯登坐立不安，但是我一边发出安慰的声音，一边不停地抚摸它，努力想象它们是多么希望获得平静和安宁。很快，它们俩都放松下来。

　　持续八个星期的争斗让我担心，当时，我觉得必须给凯登另找一个新家，现在问题得到了解决。整个形势完全发生了转变。如今，它们每天互相梳理毛发，睡在同一张床上，一起玩耍，甚至从同一个碗里吃东西。当初，看到它们在一起表现出攻击性的行为时，我从来没有料到它们最终会互相梳理毛发。之前，我最大的心愿就是希望它们在冷战中包容彼此。但是，它们如今建立起了全新的连接。我想知道，如果宠物专家知道事情的进展，她会说什么！这真是同理心创造的奇迹！

——戴安·基利安，www.workcollabora-tively.com

只有当彼此倾听到对方所有的需要时，我们才可以进入解决问题的阶段：用积极的行为语言做出具有操作性的请求。

——马歇尔·卢森堡博士

如果你的孩子讨厌上学

去年，我们全家进行了一次实验——"在家接受教育的女孩尝试去上学，但是讨厌学校"。我 11 岁的女儿想去上学，但几个星期后她突然改变了主意。一天早上我想开车送她去学校，但是被她拒绝了。

她的爸爸和我都很希望她能坚持一段时间。如果她去学校，我就可以花更多时间在工作上，这样就可以改善家里的经济状况。所以当她改变主意，不想去上学的时候，我感觉她根本不在乎我。

我们在教学大楼外面坐了下来，我问："亲爱的，发生了什么事？""我不喜欢去上学！"她说。她说自己可能会因此生病。

我告诉她，没几个人喜欢上学。接着，我继续告诉她，其他人即使很疲倦或者有点感冒，但是也会去上学。

"宝贝，"我说，"妈妈真的希望你去上学！我也希望你去。你为什么不喜欢去呢？是因为你的老师，还是其他同学？"

她爆发了："妈妈！我只是需要你的同理倾听！"

我惊呆了，默默地坐着。时间停止，一切暂停。

我开始哭泣。

要知道，在我的宝贝女儿大约 4 岁的时候，我开始学习一个关键的沟通原则——建立连接。多年来，我一直在日常生活中努力学习与人相处的方式，并在家人面前扮演好自己的角色。

我花费很多精力学习如何全心全意地与人相处，通过倾听他们的体验，靠直觉猜测他们最深层的需要，并分享最真实的自我。这些都是我希望传递给孩子的价值观——慈悲的重要性、同理心的力量以及给予和接受它们所带来的影响。

因此，我不是因为无法向她表达同理心而哭泣，我对自己是具有慈悲的。我也不是因为她对我生气而哭泣。

我的眼里之所以噙满泪水，是因为我被某种深刻的感受淹没了——我最想完成的事情就是做个好家长。我曾经教导我的孩子要有同理心，并在没有获得同理心的时候，要求别人给予同理心。对于我来说，这意义重大。

我擦干眼泪，深呼吸，改变策略。

此时此刻，我不关心其他所有事情。我问她："你非常伤心，只是希望我倾听？"

她点点头。我问她是否感到疲倦，希望被人理解。我问她是否想休息一下，然后自己决定是否上学。

几分钟后，她完全出于自愿，决定当天去上学。我想她只是需要一点时间来被人倾听。和她在教学大楼外的这种互动让我对世界产生了希望。如果每个孩子都能体验到同理心和合作，而不是由大人急匆匆地吩咐他们应该做什么，这就能让世界完全不同。

——锡达·罗斯·瑟勒奈特

在提供建议或安慰之前先进行询问。

——马歇尔·卢森堡博士

来自朋友的离婚建议

当时我正在经历艰难和痛苦的离婚过程。我的公平意识、财务安全感，乃至与正在闹离婚的妻子共同的世界观都受到了极大的挑战。

这种生活状况给我带来了很大的压力。前妻依然住在我们结婚前购买的房子里，她不愿意离开，也不愿意出钱付房租。但是，我需要将房子租出去，因为我快没钱支付每月的房贷了。我特别沮丧，其实她有足够的资产和资源找到自己的住处。

我最好的朋友对我的处境提出了建议："既然这是你的房子，你为什么不搬回去住呢？这样一来，她感到不舒服，就会离开。"

我没有理会他的建议，但是在通了一会儿电话之后，他又提出了这个建议。

他说："今天就搬回自己的房子去住吧，去跟她一起住。我是讲真的。我认为直面痛苦，不回避问题，这才是处理人际关系的好建议，也是很好的人生智慧。"

"不，我今天不搬回去，但是谢谢你给我提出的建议。我会考虑考虑，看看是否会牵涉到法律问题。"

"听着，"他回答，"她是不是住得太舒服了点！如果你过去让她不舒服，她就会离开。让她住在你的房子里浑身不自在。会不会有冲突？有，但是这总比通过律师解决好。这是在直接处理问题。你在自己的那个房子里和其他女子寻欢作乐，强迫你的前妻目睹这一切。请考虑考虑我的建议。运用你的聪明才智，这可以帮你省下不少钱。"

"你听我说，"我告诉他，"我并不排除搬回去的可能性。

但是，我想确保这在法律上不会对我造成不利，或者不会导致法院给我一个限制令。我需要考虑其中牵涉到的事项。如果那样做，我还面临着心理上的挑战。我不知道自己是否有能力面对这么多的冲突和不和谐。"

"好的，但我觉得这是个好主意，也是一个完美的想法。法院不可能对你签发限制令。你这样做并不是在骚扰她，你只是搬回去住而已。"

"我记得我和别人讨论过这种情况，当夫妻分居时，在某些情况下，会产生'自动'限制令。我再去研究研究。"

"你需要让她不舒服。当着她的面，在凌晨两点和其他女人洗个鸳鸯浴看看。多动动脑筋，然后采取行动。这个对她管用，也对你有好处！"

"好，够了。"我说，"我不需要你对此再提出任何建议了。我明白你的立场。"

"如果你不采取行动，我可能不想再尊重你了。"他反唇相讥。

"你太没有建设性了。"

"完全错误！事实上，是你制造了这样的局面。只有你自己才能深入那个洞穴，杀死那条恶龙，无须借助律师。你太胆小怕事了。"

我不相信他，但他显然也不相信我。

"我讲完了。"他说，"我现在要去想办法帮人解决其他重要事情……不需要找律师！就这样！再见。"

我叹了口气，做了一次深呼吸，说："我在离婚上花了非常多的精力。我竭尽全力，想尽办法，而我最要好的朋友告诉我，如果我不按照他认为合适的方式行事，他就可能失去对我的尊重，这些都不是我现在所需要的。你还说我胆小怕事？我感到受伤，很伤心，也很愤怒。"

他回答说："好吧，随便你。你怎么做都可以。"

讲完之后，我们结束了通话。在接下来的一个小时里，我使用了所有我能想到的自我连接手段来控制强烈的情绪和想法。我决定再去联系他，看看是否能够解决和他的互动问题。

"喂，"我给他回了一个电话，"我做了一些努力，想解决我们之间的矛盾，我猜你看到我的前妻把我逼入困境，然后不闻不问，你一定很沮丧。我想这就是你提出此种激烈建议的动机。"

"非常正确，的确如此。顺便说一下，你现在的这种沟通技巧非常好。"他说完之后，我觉得我们之间的紧张关系立刻变得缓和了。

"谢谢。说实话，我自己也觉得我这样沟通更好。如果使用我学习到的同理心，考虑你在整个过程中的需要，这样对你进行回应，一切就很轻松。借助于同理心，我明白你那样说，是出于对公平、正义的真正渴望和对朋友的真正关心。"

"是的，没错！我为你打抱不平。你是我最好的朋友，而她的企图似乎太卑鄙了。我为之前那个离谱的建议道歉。对不起，我会全力地支持你。"

于是，我们的关系恢复了正常，继续友好相处。

——匿名

让我们现在感到后悔的行为是因为我们当时未满足的需要，与这些需要建立连接就是自我宽恕。

——马歇尔·卢森堡博士

暂停一下

我 6 岁的孙子安东和我一起去科技馆，他非常开心。当我们到达时，他在入口处玩起红色的绳子。接着，他跑起来，冲进人群，窜来窜去，然后消失不见了。当我再次看到他时，他正坐在红绳上晃来晃去，而一些路人试图穿过绳子，我严厉地说："安东，马上过来！"

他玩绳子正玩得开心，但一听到我的声音，马上就蔫了，耷拉着脑袋走过来。

我说："我需要暂停一下。"

"好。"他一边回答，一边环顾四周，想看看自己应该坐在哪里。

我苦笑着说："不是你，是我要暂停一下！"

他瞪着大大的眼睛看着我："什么？"

"我不喜欢自己刚才跟你说话的方式。"我说，"我不想对任何人那样讲话，更不想对我的宝贝孙子这样讲话。因此，我要让自己暂停下来，反思一下。"当我靠着墙坐下的时候，他真的惊呆了，吃惊地看着我。他尽可能亲密地靠着我坐下，蜷缩着靠在我的腿上。我们这样静静地坐了几分钟。

"好，大概有五分钟吧。"我说，"我想我吸取了教训，因为我刚才一直在反思。"

他继续困惑地看着我，于是我说："你认为我吸取教训了吗？"

他严肃地点了点头："是的。"

"那我们就去科技馆玩吧！"我们随即起身前行。

有些人可能会认为，当他窜来窜去的时候，我责备他是对的。但是，我意识到，这不过是小孩子的天性。我想向他详细解释一下我的想法，所以那天上午晚些时候我就这么做了。

"我跟你讲，"我说，"我想告诉你刚才我为什么不高兴。"

他看起来非常愿意听我讲话。

"当我不知道你在哪里的时候，心里很恐惧。当看到你扯动绳子的时候，我担心柱子会倒下来砸到别人。"

他完全听懂了我的话，点了点头。我知道我们之间产生了全新的连接。而我之前用尖锐、强烈的方式也是想达到这样的效果。

——梅尔·艾莱特

通过持续关注他人的内心，我们为他们提供了一个充分探索和表达内在自我的机会。如果我们急于关注他人的请求，或急于表达自己，我们就妨碍了这个过程。

——马歇尔·卢森堡博士

少女的感恩

丈夫拍下了我们十几岁女儿在体育赛事上领取奖杯的照片。他觉得女儿会很开心，于是就把照片放大，装上相框，摆在房子入口的桌子上。

当女儿回家看到照片时，我丈夫不在家，这让我松了一口气。她看到照片之后就大声叫嚷："谁拍的？太难看了！"

我感到难以置信！她把别人的好心当成了驴肝肺！她该有多自私！难道她没有意识到这份礼物是充满爱意的吗？各种各样的想法闪过我的脑海。我不知道自己是一个什么样的母亲，竟养育了这样一个自私的孩子。

幸运的是，我在前一天晚上参加了一个沟通研讨会的预备课程，主讲人说："所有的暴力都是未满足需要的悲剧性表达。"我当然觉得女儿的话很粗暴，但是她的语言背后隐藏着什么样的需要呢？我记得我曾听说过，人的一个重要的需要就是——选择权，对于年轻人来说，尤其如此。

我还知道，无论她说什么，她的愤怒都不是针对我的。所以我按照研讨会上学到的要求做了一次深呼吸，然后再做一次深呼吸。我利用这个空隙与自己内心的需要建立连接，意识到丈夫将照片摆出来完全是出于一片爱心。

我试探性地问女儿："你想自己来做主，选择要展示哪些照片，对吧？"

"是的！"她大声说，"爸爸应该事先征得我的同意。这张照片很蠢！"

我又深呼吸了一次，决定还是就"选择"的主题和她讨论，我只能想到这个。

"所以我想你真的很沮丧，自主权对你来说是很重要的，对吧？"我问。

我听到她喃喃地说："嗯，对。"显然，我采用的方式是正确的。

她眼帘低垂，耷拉下肩膀。我仍然感到困惑，不知道下一步该怎么办。我问她，把这张照片放在爸爸的办公室里行不行。她同意了。

当我放好照片回来的时候，发现女儿抱着头在哭泣。她一边啜泣，一边抬头看着我说："这和那张照片无关，它是关于……"

然后她开始给我讲述那天的经历，这对她来说是非常痛苦的。我静静地倾听着，感到非常欣慰，在研讨会上学到的一些内容此时总算能让我受益了。

我很庆幸，虽然一开始我认为她不知感恩、自私自利，但是我并没有将这个想法表达出来，因为她当时不知所措，并且非常脆弱。

我原以为她的语言是非常粗暴的，但是我在她语言的背后寻找意义，从而获得了鼓励她的宝贵机会，加深了我们之间的连接。这种连接非常珍贵，对于一个十多岁的孩子来说，更是如此！

女儿的情绪恢复正常后，她问我："你把照片放在哪里了？"

我告诉她，照片放进了爸爸的办公室。

"哦,"她说,"我们把它放回房子的入口处吧……这张照片很好。"

从此以后,这张照片就被自豪地展示在房子进门正中的位置。

——彭妮·瓦斯曼,www.penny-wassman.ca

在致力于解决问题,帮助别人排忧解难之前,我们首先要产生同理心,让别人有机会充分表达自己。

——马歇尔·卢森堡博士

通过拒绝拥抱彼此

从孩提时代起,我就一直很怕拒绝别人。作为一个具有讨好型人格(或依赖型人格)的人,我一直相信,别人的幸福依赖于我在多大程度上能够满足他们的期待和需要,因此,我往往忽视自己的需要。学习和实践非暴力沟通让我产生了脱胎换骨的变化。我学会了区分自己的想法和感受,在不冒犯他人的前提下,尊重自己的需要。

在过去的一年里，我尝试通过网络进行约会，因此也就获得了拒绝他人的新机会。作为 20 世纪 80 年代长大的人，我花了好几个月的时间才熟练运用短信和电子邮件进行交流。当我决定进行若干次约会的时候，面对那些想要满足自己欲望的陌生人，与他们交往带来的挑战很快就让我不知所措。

我首先生起的冲动是用"玩突然失踪"的方法，与那些让我感到不舒服的男性切断一切联系。但是，我也想成长，我知道回避令人不舒服的谈话不会帮助我延展舒适区。对于那些主动和我接触的人，我想知道如何在尊重他们的同时，优先考虑我自己的需要。

我决定和兰斯一起进行练习，我觉得他特别不靠谱。在初次约会之后，他消失了一段时间，然后突然又出现了，急切地想要再次和我在一起。我说我没有兴趣，而他则指责我，说我没有给他足够的机会就放弃。

我开始觉知自己的想法。我记得在我们第一次约会之后，我没有收到兰斯的反馈，这让我感到如释重负。在我们见面之前，他就想来我家，这对我来说是个危险信号。我还注意到，他没有承认自己玩失踪的事实，这也给我造成了很大的困扰。

为了继续和兰斯沟通，我克服了许多的不适。后来，对他重新恢复交往的请求，我认为自己做出了深思熟虑并且诚实的回应。我最担心的是，如果我（对那件事）表达了与他（或其他人）不同的想法，我会害怕受到攻击或批评。我需要勇气来面对这种恐惧，也需要勇气来坚定地说出我的真实愿望。

我决定让兰斯知道，我不再想花时间与他在一起，但我想以一种我认为友好和坦诚的方式告诉他。

所以当他说："我真的很想再见到你。"我对此进行了反映倾听，也告诉他我没兴趣再见他。

我说："你还记得不久前我告诉你我父亲生病了吗？唉，他已经去世了，我现在真的没有心情开始一段新的感情。"

"但是，我真的喜欢你。"他坚持不舍，"你能再花一点时间考虑一下吗？"他想让我更深入地阐明我的需要，并告诉他我们的需要有怎样的冲突。

我说："坦白说，没有什么冲突。我觉得我们具有两种完全不同的需要。你似乎只对性爱感兴趣。只有在更好地了解一个人之后，我才决定是否会和他发生关系。你的需要也没有什么错；不过我们需要的是不同的东西。"

我不知道兰斯会对我一再的拒绝作何反应，但他说："好吧，谢谢你的解释。如果你打算改变主意，我会在这里等你。"

他对我的尊重和理解让我感动。我对我们俩都生起了同理心，然后向他解释为什么我要坚持自己的决定，这让一切变得完全不同。拒绝他人从来没有像现在这样充满力量，并且考虑周全。

——玛丽·罗芙

倾听就是不断地放弃所有的期待，而只是让注意力清醒、充分地专注于眼前发生的事情，不去想我们将要听到什么或者它意味着什么。

——马克·尼波

仅仅行动是不够的

某天晚上，我对丈夫非常失望。我们的客人随时都会登门，但他没有收拾他的杂物，而是坐在椅子上。

因此，我开始给他上一堂关于责任的课。我发现，当我痛斥他麻木不仁时，他几乎还是无动于衷。我们进入了熟悉的沟通僵局，我意识到我咄咄逼人的气势将要占据上风。几分钟之前，我还为将要和朋友们共度良宵而兴奋不已，但现在一切都凝固了。

我叹了口气，一边想着这场争论将要走向何方，一边感到绝望。但是，我突然以一种全新的方式觉知到我的沮丧。

我稍稍停顿了一下，注意到我的头和胸部发紧，心跳加快，呼吸急促。我意识到在过去我可能会对这些迹象视而不见。想到这里，我的思绪又回到了最近参加的一个研讨会。当时，马歇尔·卢森堡博士分享了他对"不要只是站在那里，要有所行动"这句话的反转。

"不要只是行动……"马歇尔说，为了达到戏剧效果，他停顿了一会儿，"……站在那里！"这引起了我的注意，我用笔把它记了下来。

我瞥了一眼时钟，想着门铃随时会响起，头脑也变得清醒了一些。我知道我不想再一次耗尽我的情绪，让我和丈夫陷入一贯的僵局。

但是，我不知道下一步该做什么。我不知所措，不知该如何改变，只是站在那里，等待头脑里接下来出现的想法。好，马歇尔，我只是站在这里，没有做任何事情，现在该怎么办？如果你曾经讲过接下来会发生什么，我现在也忘记了。

我继续站在那里，看着我的丈夫——这段时间远远超过了我熟悉或感到舒服的程度。慢慢地，我胸口的紧张感消失了。我的呼吸变得深沉了。我感到更清凉。

几分钟过去了，在这种陌生的平静中，我抑制住了想要行动的冲动——任何事情都不做。

我站在那里，没有教育他，也没有责骂他，我觉得离丈夫更近了，也想起了在研讨会上学到的另一项内容："不要解释，不要进行教育，有什么需要就说出来吧。"

"请你现在把你的东西收拾好，可以吗？"我鼓起勇气问。

"没问题。"丈夫回答说。

——维多利亚·金德尔·霍德森，www.thenofaultzone.com

关注是最稀有、最纯净的布施形式。

——西蒙娜·薇依

通过询问增强亲密关系

在 20 多岁的时候，我有过一段特殊的感情，在这段感情中我成为了隐藏痛苦的专家。我和男朋友的谈话经常从我的感受转移到他的悲伤、困惑或防御上，特别是当我的痛苦与他有关的时候。我学会了无声地哭泣，不会通过身体动作明显表现情绪。即使在我背靠着他，依偎着他，被他用手臂揽着头的时候，我也是把混杂着悲伤、困惑或痛苦的眼泪隐藏起来。

我认为自己是沉默的哭泣大师。下面这几句话就是我在这些时刻的真言：不要让眼泪流出来；慢慢地呼吸；不要在无声的哭泣时急促呼吸；这一切都会过去的。

二十多年能带来多大的变化啊。最近，我断了三根肋骨，身体严重不适，处于无法行动的状态，但是，我很幸运地遇到了一个男人，他知道如何询问和了解我的感受。

受伤一周后，我们一起躺在我家印度棉布床单上，他温柔地抚摸着我的手臂。这个场景就像克林姆具有南亚风格的名画《吻》。我们在一起待着，讲着笑话，动作尽量轻柔，也不发出过于强烈的笑声，以免引起我持续不断的疼痛。

我享受着我们行云流水般的谈话所营造出的完美而宁静的氛围，庆幸自己能够从受伤、痛苦和家庭的混乱中获得小憩。我的眼泪开始滑落。我平静地让他看见这一切。实际上，即使我想掩饰，也无法将它掩饰起来。

热恋中的人对眼泪和它隐藏的含义（不可预测的情绪、指责或问题）会特别紧张，但这个男人表达了他的关切。他小心翼翼地轻声问道："你还好吧……发生了什么事？"

我自己也有点迷惑，也不习惯被人这样询问。我检视一下自己的内心，意识到这些是如释重负的眼泪。过去的一个星期充满了挑战。在那一刻，我仍然陶醉于他突然到访带来的甜蜜，陶醉于他送给我的鲜花和巧克力以及他给我的拥抱。他不知不觉地赢得了我的心。

我感到尴尬，说："没什么。"

他并没有放弃："眼泪总会意味着什么。"

他不断询问，他用克林姆式的拥抱给我带来安全感，让我在他强壮的臂弯中进一步放松下来。因此，我确定地说出了自己的感受："一个星期来，我和我家人度过了非常艰难的时光。亲人的分离，我的肋骨骨折，疼痛……"我思索了一下，"被你这样抱着真是太甜蜜了。"

当我脆弱的时候，每一个拥抱和关切的询问都能让我的神经系统获得一些平静。我变得更有能力接受他甜蜜滋润的爱意。他释然了，因为他意识到，我的眼泪是一种情感的释放，并不是愤怒或悲伤的体现。他什么也没做，只是以恰当的方式关爱我。

我把脸贴在他的脖子上，他轻柔地"啊"了一声，我们依偎在一起。在那一刻，在那无声的呼吸之外，我们甜蜜地连接在一起。

如今，我的真言变得非常简单——关注、拥抱和询问……这样就足够了。

——塞拉·梅内塞斯，www.compassionatereturn.com

沟通中最重要的事情就是听出弦外之音。

——彼得·德鲁克

骑行事故

我女儿上大学的时候，我去看望她。我们决定骑一下朋友送给她的一辆时髦的双人自行车。我们甚至不确定能不能成功骑上去，但这看起来很有趣。

那天早上，她情绪不太好。但我们还是骑上了自行车——她在前面，我在后面——然后就开始骑了。几分钟后，我们踩得飞快。

很快，我的本能促使我大叫："刹车！"并且倒踩脚踏板，试图让自行车慢下来。

这并不管用。

自行车不仅没有刹住，它的链条反而从链轮上脱落了，我们突然在一片草地上惊悚地停了下来。我们两人都很安全，但我女儿却脸色铁青。

"你在想什么？"她愤怒地大喊，然后一直嚷嚷不停。

这件事已经过去一段时间了，但我仍然记得当时有一种静谧的感觉向我涌过来，进入我的身体。我知道她之所以愤怒，是因为自行车出人意料停下来让她感到震惊和恐惧。她很不高兴，似乎觉得都是我的错。

非同理回应示例
评估
"他听起来好像不对劲。"
"她显然不在乎。"

随后，她停止叫嚷，愤然离开，骑行活动看起来彻底被搞砸了。

我让自己保持平静，默默地同理她。然后我这样说："你很沮丧，不确定是否要继续骑车吧？"

她不由自主地点了点头。

我继续说："刚才太突然，太吓人了！"

又过了一会儿，我坦然承认，实际上是我的行为导致自行车停在草地上。我请她帮我把链条安装回去，这样我们就可以继续骑行。

她走到我和自行车旁边，蹲下身子，我们一起把链条安好。几分钟后，我们又可以骑行了。原本是一场灾难性的互动，最后成功修复，我们重新建立起连接。

——琼·莫里森，www.nvcsan-tacruz.org

我经常发现，如果人们能够与一位具有同理心的倾听者充分接触，他们就能超越心理痛苦带来的麻痹效应。

——马歇尔·卢森堡博士

小羊羔

那是一个星期六的晚上，我听到孩子们兴奋的声音，他们一边走近我的房子，一边喊我：

"阿雅！阿雅——！"

"怎么啦？怎么啦？"我冲到门口问道。

我看见我的儿子迈克尔站在楼梯上，双手抱着一只小羊羔。"这是怎么回事?！"我大声问道。"这是只小羊羔，"他悲伤地说，"它昨天才出生，它妈妈不让它靠近。它很虚弱，可能会死掉。"迈克尔抱着小羊羔走了进来，后面跟着他的弟弟丹丹、他的朋友德翁和达纳。我还没来得及开口，他们就把它放在绘着蜘蛛图案的毛毯上，并用旧毯子给它盖上。小羊羔的状态看起来不是很好。它无法站起来，神情恍惚，目光呆滞。"我们把它带到雷贝卡那儿去了。"我丈夫沙哈尔走进来说，"她说这种事情时有发生。我们发现得太晚了，它活下来的机会不大，因为它需要母乳来增强免疫力。我们可以试着从牛奶瓶里倒出一些牛奶喂它。"

接着，他说："我得马上走了。你会照顾好它吗？"

我从未照顾过小羊羔，但是，听起来我没有任何选择⋯⋯然而那是另一个话题了。我和四个小孩子坐在一起，面对一只奄奄一息的小羊羔，我知道我是多么希望让它活下去。对于刚刚出现在我生活中的这个脆弱的生命，我的心中充满了慈悲。我意识到我愿意尽我所能帮助它存活下去。我不是唯一这样想的人。40岁的我，8岁的迈克尔，6岁的德翁，5岁的丹丹和3岁的小达纳都有相同的想法。我们对这只无助、脆弱的小羊羔产生了无条件的爱。

就像丹丹所说："阿雅，我一直在想着这只小羊羔，无法停止，我不知道为什么。"

"丹丹，我能理解，"我说，"因为我的感受和你一样。我也一直想着它。我相信，对处于脆弱状态的生命生起慈悲是人类的天性。我们人类充满爱心，这是我们的天性。"

迈克尔似乎把自己指定为负责人，他开始用奶瓶喂小羊羔。但是它非常虚弱，无法吸奶。

"阿雅，它能够活下去，对吗？"他用期待的语气问。"它必须活下去！"他急切地想让自己安心。

"我们只需要给它喂食，关爱它，它就会活下去。"他继续说道，好像是在谈判一样，"我和达纳甚至告诉它我们爱它。我还拿着一朵花许了个愿。"

"我不知道，迈克尔。"我回答说，"有时会有意外发生，新生儿有时无法存活下去……"我的声音越来越小，犹豫再三之后说出的这些话让我很不自在。

在那一刻，我意识到自己的无助和恐惧，面对将来可能失去小羊羔的痛苦，我试图拯救迈克尔和自己。我也想避免看到我的宝贝儿子在面对死亡时因无助而产生痛苦。

我能意识到自己对大家产生了强烈的保护欲，因此我努力让他不要获得完整的体验。我告诉他："事情就是如此，婴儿有时会死。"

实际上，我是在给他传递这样一个信息：他不应该感到害怕或无助，因为这是一种软弱的感受，他应该用理性来保护自己。我希望他能避开自己的感受，这样他就不会伤心了。但我完全意识到这种保护将要付出的代价！我希望让他与自己的人性和脆弱失去连接吗？关闭他的心——生命居住的地方——保护他免受痛苦？

我不希望如此。

我不想把他保护得好好的，不让他心碎。我想让他在各种情况下，让自己向当下的所有体验完全敞开，真正地用心去体验我们丰盈的生命活力。除此之外，还有什么能让人真正过上他们想要的生活呢？

当我很快意识到这一切时，我知道要换一种策略。我想给迈克尔一种"与自我相遇"的体验，通过当下的感受和需要，来获得理解和接纳。

我多么渴望经常给我的孩子们送上这份赠礼啊！

因此，我对他说："迈克尔，你是如此关心这个小生命，我的心深深地被你感动。我知道，你非常想保护它的生命。为了救它，你愿意做任何事情。我知道，当你无法确定，也没有能力决定自己的努力会产生什么样的结果时，你会感到多么无助和痛苦。"

迈克尔的眼泪证实了我的想法。他抱着我，静静地流下了眼泪。我感到如释重负，也很庆幸自己这次能及时改变策略。我可以对他的感受表达同理心，以此来支持他的努力，而不是让他摆脱无助和恐惧，给心灵再增加一层保护。我想起了马歇尔·卢森堡关于学会享受他人痛苦的话。最后，我终于明白他的意思。与真实的东西在一起，如实地安住其中，那是一种甜蜜的痛苦。有生以来，我第一次学会了享受儿子的眼泪。

当我意识到迈克尔知道我完全理解他的时候，我决定教他一件事情。

"你知道，迈克尔，当我尽力去做一些自己认为重要的事情时，我就会感到平静。就像我们今天所做的，关爱各种形式的生命，尽力去保护它们。就我所知，你也在做同样的事。我们把小羊羔带回家，给它食物、庇护、关爱和照顾。我想，我们尽我们的能力去做，它是否能存活下去不在我们的掌握之中。因此，我会放下对它命运的掌控欲。

"当我不再担心我的努力能否带来预期的结果时，我注意到，我就可以把我的精力全部用来应对当下的情况，用我所有的力量迎接我内心的渴望。放下期待，让我可以做我内心真正想做的事情，因此将来我就不会后悔。我讲的这些你觉得有道理吗？"

"是的，阿雅，我正在尽我的能力去做。该做的我都做了。如果它死了，我要亲自埋葬它，我要找一块最美丽的石头，放在它的坟头，这样，我以后就能找到它安息的地方。看看它吧，阿雅。它是不是很美丽呢?"

我点点头,继续给这只小羊羔喂奶,抚摸它。

它挺过了当晚,但是第二天就死了。

迈克尔和丹丹把它埋在后院,并在它的坟前插上一把丹丹上幼儿园时做的木剑,它成了一个完美的十字架。

迈克尔在剑上放了一块粉红色的水晶石。我在门廊里看着他们。他们前倾身子,敞开心门,默默地把小羊羔送往另一个世界。

我又待了几分钟,思绪万千,这只小羊羔短暂地出现在我们的生命中,我感激它给我们的生命带来丰盈的连接、启迪和意义。

——阿雅·卡斯皮,www.cnvc.org/aya-caspi

工作中的同理心
创造一种慈悲的文化

我的一位学员是计算机工程师，为政府项目提供咨询，她最近问我在办公室里如何运用同理心。

"为什么是我？"

我经常听到这种问题。

"我为什么要对那些不讲道理的人产生同理心呢？"她问道。

"你想要一个明快的答案吗？因为这样做才有效率。"我说，"当合作出了问题，有人产生情绪，同理心通常是让工作回到正轨的最快方式。"

她点点头，似乎对我的回答很满意。我知道她已经愿意将之付诸实践了。

一些公司已经营造出慈悲和连接的企业文化。让人欣慰的是，随着人们意识到在工作场所营造慈悲氛围带来的好处，这种情况越来越普遍。在进入职场之前，大多数专业人士都应该认识到同理心是一项具有实用价值的技能。人们应该去了解能够提高工作效率的所有方法。

我特别注意到，在充满压力的工作环境中，人们往往会处于危机模式。一些管理者很难理解，投入时间或金钱培养团队的软实力为什么能够奏效。他们可能会说："当然，在一个理想的世界里，我们可以把资源花在同理心上，但是就目前来说，这对我们是不现实的。"然而，那些有远见的管理者会意识到，同理心是一种至关重要的领导技能，有助于在工作中提高效率和效益。这样，前一种逻辑就是不成立的。

同理心能做很多事情，在本质上它能够让人们意识到自身的重要性。当人们意识到自己对同事、客户、上司具有价值的时候，他们就更容易找到自己的动力，就能更快、更有创造性地完成工作，也会期待去工作。

营造出同理心的氛围后，员工更容易融入集体，去实现公司的使命。

在下面的故事中，你会看到诸多的案例。这些案例展现了在不同的工作文化中，人们如何运用不同的同理心技巧。你将学习到管理者、老师和领导如何利用同理心让他人表达自己。你也有机会看到，大权在握的领导者如何通过沉默或言谈的方式运用同理心，将之作为支点去激发能量，并鼓励合作。

应用同理心并非万灵药——它不能单凭一己之力改变整个工作文化。然而，它能够在工作中创造机会，改变关键的人际关系，从而发挥作用。这是一个很好的开始。

同理心是有效领导的重要技能，原因很简单——它能产生信任。如果你的员工不信任你，你就不是一个领导者，你只是一个管理者。与他人建立信任的一个关键因素就是同理心。

——科琳·克滕霍芬

员工评估的新尝试

我第一次尝试将非暴力沟通带入工作场所的时候，结果并不尽如人意。我想让更多人知道什么是觉知，特别是觉知需要，但没有找到合适的机会。我考虑过为我们的团队安排一次推广课程，但是担心人们会翻着白眼，抵触"非暴力"这个词，他们会觉得自己并不是有暴力倾向的人。尽管非暴力沟通让我的生活更加丰富多彩，但是我也担心同事们会带着怨气和防御性的冷漠心理屈从地接受它。

因为马上就要进行员工评估了，我觉得可以利用这个机会，通过非暴力沟通的方式进行一些新的尝试。在我看来，我们惯用的评估系统没什么用处，也没有人会喜欢它。我想尝试着对我们的员工评估系统进行改变，让它更注重大家的需要。

仔细考虑之后，我找到了一个看似简单但完美的解决方案。我迫不及待地想要进行试验。尽管正式的评估要到下一周才会安排，但是，在第二天上班的时候，我还是在一位员工身上试验了我的新方法。这种过度的热情可能是在提醒我需要放慢节奏。

我在迈克身边坐下来，感谢他愿意提前接受评估。"这次我们要做一些不同的尝试。"我说。

"我看出来了。"迈克半开玩笑地说。

"你知道，我一直想把非暴力沟通引进到工作中，我觉得这次可能是个好机会。"

我看到迈克一听到"非暴力"这个词就愣住了，好像它触动了什么。我想，这真不是一个好的开始。我意识到他感到措手不及，因为这次提前评估是我要求的，我突兀地介绍这个新的术语，可能让他感到紧张。我自己原本觉得完美的想法可能很糟糕。

"当然。"他回答我。

"这需要你花一点时间。"我说，"我有一张表格，上面写着人类普遍的需要。我想让你浏览一下这张表格，找出你当前在工作中已经获得满足的三个需要和还没有获得满足的三个需要。你明白了吗？"

他停顿了一下，说："嗯……没问题。"

迈克手里拿着一支笔，浏览了一下需要列表。他在某些单词旁边打了一个钩，在另外一些单词旁边打了两个钩。与此同时，我感到局促不安。我突然意识到我根本没有把这个想法考虑清楚，事先进行相关的介绍或许会更好。唉，我吸了一口气。

几分钟后，他说："你知道，这有点困难。"

对自己所做的这一切努力，我感到后悔，但我试着进一步推进，想知道它能进行到哪一步。

"怎么样？"我问。

"嗯，我只是对这样的评估方式不确定。我不太肯定某项需要是否得到了满足。有些事情是按照我喜欢的方式组织的，有些则似乎是杂乱无章的。这两者可能在同一天发生，所以我不能说我对组织的需要是否得到满足。此外，组织对我来说也不是那么重要。"

我的喉咙发紧。"对。"我勉强开口。迈克说得对，我在这里并没有明确表述我的想法。

"但是，"他继续说，"我认为也有一些有趣的内容。当我阅读需要列表的时候，我注意到有几个项目对我来说很关键。我的意思是，其中一些内容似乎非常重要。我想和你谈谈这些内容。"

我感到稍微放松了一些，自顾自地笑起来。迈克对非暴力沟通的理解可能比我更深刻。

"多谈谈你的想法。"我说。

"嗯，我们每天都有一大堆不同的需要，有的得到了满足，有的没有得到满足，对这些需要的反馈在短期内可能是有用的。但从长远来看，可能是其他一系列更重要的需要构成了我们的本质……"他慢条斯理地边说边思索，"在员工评估期间，如果大家能够和团队一起分享自己的关键想法，或许会有所帮助，这样整个团队都能了解到什么才是真正重要的需要。"

我瞪大了眼睛，意识到自己原本以为犯了一个错误，而现在这个错误却变成一个意想不到的学习机会。

"就像现在。"他说。

"继续。"我被他调动起来了。

"你对可预测性和舒适的需要可能没有得到满足。但我不确定从宏观的视野来看，这些对你来说是否重要。就你当前的情况而言，我看到了一个正在渴望……"迈克看了看我 20 分钟前给他的需要列表，"渴望有所作为和有所创新的人。"

哇，我发现自己完全被他看透，软弱无力，脆弱不堪。但是，我也觉得这是第一次有人从更深的层次对我进行解读。

"谢谢你，迈克。我感觉被你看透了。"我说。他的话深深地触动了我，我感到很惊讶。

"所以，在给其他人进行评估的时候，你可以试试这种做法。你只需要让他们和你分享在工作中产生的两三个特别重要的需要。你可以让他们检视一下需要列表，看看自己内心会做出什么样的反应，看看能触发什么。"

我感到如释重负，但这次会谈如此发展，让我觉得自己有点蠢。但我的情绪很快就恢复正常，我告诉他，我觉得他的主意听起来棒极了。

"这很有趣，"迈克俏皮地说，"我很感激你就此和我进行讨论。我认为接纳和信任对我很重要，所以，谢谢你。"

——约瑟夫·马丁内斯，www.nvcatwork.com

他人咄咄逼人的态度潜藏的信息是在请求我们去满足他们的需要。

——马歇尔·卢森堡博士

压力下的医生

一天清晨，我在一家英国医院为年轻医生举办一门沟通课程。投影仪出了故障，有四名参与者缺席。有两名不在列表上的医生激动地站在我面前，坚信他们已经报名。他俩都是远道而来，渴望参加这次的课程。我感到很慌乱，我不喜欢让付出努力的人感到失望。而且，我也推迟了上课的时间，因此感到很有压力。

我有十年的医疗培训经验，一直在指导医生如何处理冲突和投诉。我乐于对那些在紧张环境下处于关键岗位的医生提供帮助。我发现他们还受到其他挑战——时间的压力、医院的等级制度和医疗服务削减带来的严重影响。我很难在一天之内对同理心沟通进行深刻、细致和全面的介绍。医生们习惯于单纯接受信息和指导的填鸭式密集课程。如果在培训课程上给他们自由发挥的空间，让他们去反思、感受、觉知，他们就觉得很新鲜。

因为有迟到的人走进教室，我的介绍被打断了两次。按照规定，最多只能迟到半个小时。半个小时之后，我邀请那两位不在列表上，但是充满期待的医生加入。我满头大汗，试图弥补失去的时间。

在通常情况下，我总是首先对参加课程的医生表达同理心，承认他们在工作过程中需要承受压力，并缺少选择。那天我非常简要地进行了这个环节。

我注意到，房间里有4名男性和12名女性，而男医生都挤在一边。第一次练习结束后，坐在最边上的医生马克开始用手机发短信。然后杰基的紧急呼叫机响了，有人开始窃窃私语，杰基随即离开了。在培训过程中，医生们通常无法去照顾一些危重病人，这对他们和我来说都是一个挑战。

马克四仰八叉地躺在椅子上。在我概述基于需要的沟通模式时，他问了很多问题。我集中精力谨慎地回答。虽然我讲得很平静，也很清晰，但我还是脸红了。我的回复只是部分地解答了他的问题。马克坚定地表达了他的观点。

"直接告诉人们应该怎么做会更快、更有效。"他说，"当然，你要表达得很妥当，要说'请'和'谢谢'。"

在他们做书面练习的时候，我终于有时间缓一口气。我意识到自己只是在表面上回答了马克的问题，而没有触及他所提问题的核心。

几次练习之后，马克大声说道："这就像在学校一样，我已经知道如何沟通了。"

我试图猜测他的观点："让你学习你已经熟悉的知识很难，对吗？"

他点了点头，于是我进行了更多的猜测。也许他希望别人认可他已经具备人际交往能力？也许他想自己选择如何利用他的时间？我用同理心缓解了自己的紧张，但我仍然担心他的怀疑会传染给别人，尤其是附近的其他男性。在上午的剩余时间里，他和他的朋友丹尼尔在底下窃窃私语。

午休时，我希望能单独与马克聊聊，帮助我们建立连接，消除我心中酝酿的气恼。但是，我找不到他。在下午的课程中，马克和另外两名医生聊起了不相干的话题。我担心他会扰乱大家的学习效果，扩散不满情绪。我感觉自己像一只天鹅，在水面上滑行，疯狂地划水，让自己不偏离轨道。现在马克看起来极度不耐烦。

接着，他大声说："天啊，这太无聊了！"

突然，我觉得自己想笑。我朝他走去，真诚地问："你是否感到厌倦和沮丧？"

"完全正确！"他回答说。

"你想要更多的参与感和互动性？"

"是的，是这样。"

我继续通过类似的猜测来产生同理心，我开始感到自己更加开放，更具好奇心。我帮助他披露内心的无聊，以及其中蕴含的价值——特别是自主和选择的价值。他说自己本来时间就不够，还要抽时间上培训课，为了取悦管理层要疲于奔命，轮班工作的压力很大。另外，因为人手不足导致病房出现诸多不可预测的情况，这一切让他感到愤怒。

当我放松下来的时候，马克袒露了更多的心声。我干脆取消了教学安排，更深入地了解他。他提到，在治疗一位存活率很低的少年时，他遭受了许多痛苦。他分享了自己的恐惧——害怕出错或造成伤害。我温柔地表达了我的同理心。

他还承认，他已经做好了退出培训的准备。我说他有离开的自由。在我看来，他有这个选择的权利。他摇了摇头，说他可以再待一个小时。

马克咧嘴一笑，环顾大家，说："我喜欢向大家宣布自己的厌倦感。当着顾问说这样的话，必然会产生可怕的后果。这让我有一种解脱的感觉！"

当我们在一起这样坦率交谈的时候，其他的医生似乎都被吸引住了。他们也加入进来，分享了自己的挣扎。气氛明显变得柔和了。我想通过角色扮演的方式来演示如何解决冲突，以此结束我的培训课程。我率先进行演示，因此，我需要一个志愿者来扮演愤怒的病人家属。大家一片沉默，没有人愿意。

最后，马克叹了口气："还是我来吧！"

马克和我戴上黑帽子，这象征着一种愤怒、责备的模式。马克的火暴脾气是显而易见的。虽然有点害怕，但我很享受这个过程，我接纳了他火爆的性情，进入了自己的反应模式。我摘下帽子，表示我内心的转变，并用同理心对马克进行了一些猜测，而马克继续扮演那个愤怒的家属。通过理解家属这个角色所处的恐惧、痛苦和渴望获得尊重的状态，马克让自己的愤怒平静下来。演示结束时，大家不断地鼓掌。

在最后的环节，医生们分享了他们的见解，谈到同理心的力量以及人类潜在的需要。

"最精彩的部分就是你在怒火之中保持镇定自若！"一位

医生说。

马克的朋友丹尼尔说:"你既然能处理好像马克这样刁钻的人,证明这些技巧的确非常棒。"

另一个医生说:"这些技巧都是精华。"

我感到如释重负,当我变得更真实,并且放下事先的教学计划之后,课堂的氛围发生了如此奇特的转变,这让我很惊讶。

马克最后离开教室,他在意见簿上写下了长篇大论,然后把写好的留言揉成一团扔在地上。

"我根本无法诉诸笔墨!"他喊道,"我还是不确定这种模式到底是什么,但我很高兴认识你。我从未想到无聊也可以如此有趣!"

在离开教室的路上,他笑了:"顺便说一下,我不认为对人发号施令是最有效的方式……特别是现在,我意识到我是多么在意拥有选择权。"

——金刚坚 / 安妮·兰金,www.liveconnection.org.uk

在教育之前,先表达同理心;在纠正之前,先建立连接。

——马歇尔·卢森堡博士

代课老师遇到的麻烦

杰克逊小姐是一名三年级教师，最近因病缺课，林肯小学的图书管理员给她寄送了一张便条，告诉她在代课老师带着学生们去图书馆的时候，那些学生是多么吵闹、粗鲁、无礼。

当杰克逊老师回到学校时，她很好奇，想知道平时很体贴的学生们到底闯了什么祸。我在那里帮助她发起这个讨论，使用了我在学生身上尝试过的"无过错课堂"（No-Fault Classroom）的一些做法。

杰克逊老师让学生们从各自的小格柜里拿出写有感受和需要的两沓卡片。同学们匆匆走到教室后面，拿出他们装卡片的马尼拉纸信封。

杰克逊老师坐在一把矮椅子上，她的学生们在地板上围着她坐成一个大圈。她大声地读着图书管理员的便条。

"当拉德小姐说你们吵闹、粗鲁、无礼时，她是什么意思？"她问道，"你们干了什么？"学生们显然很担心，脱口而出：我们讲了太多的话；在图书馆不应该那么大声；当代课老师让我们保持安静的时候，我们并没有听话；一些人在书架上画画；我们没有把书放好；有人把碎纸片扔在地上。

"好吧，"杰克逊老师继续说，"想想大家在图书馆做的事情。你们现在感觉如何？请查看你们的感受卡片，选出描述自己当下感受的卡片。"

学生们翻动卡片，发出沙沙声，嘴里在小声嘀咕。一年以来，他们已经多次用这种方式来整理自己的感受，他们熟练地选择出卡片，并把它们放在垫子上。

看到大家都选好卡片之后，杰克逊老师继续说："那么，你们在图书馆的所作所为满足了哪些需要，没有满足哪些需要。请把你们的需要卡片放在垫子上。"他们的小手灵巧地在那沓需要卡片里翻来翻去，不时停下来，抽出一张卡片放在垫子上。

"谁愿意分享一下图书馆事件涉及的感受和需要？"她问道。

莫莉看着面前的卡片，说她感到悲伤和尴尬。尊重和合作对她来说很重要，但她意识到自己对代课老师和拉德很无礼，并且没有配合她们。胡安表示同意，他说他对全班同学的行为感到震惊。奥利维亚跳起来说她很生气，因为她想让别人听她说话，她曾试图让同学们停止吵闹，但没有人听她的话。金不知道要说什么，但最后还是说了。

"我希望大家公平待人，"她悲伤地说，"我们对代课老师和拉德小姐不公平。"

学生们有很多话要说，他们这样分享了好几分钟，大家都是泛泛而谈。没有人对发生的事情表示负责或提出指责。

我欠身向杰克逊老师提出一个建议。听完我的建议，她转过去对学生们说：

"当有些同学在书架上画画，大声说话，往地板上扔碎纸片时，大家觉得他们的感受和需要是什么？"她问道，"大家能想象出来这些同学想干什么吗？"

大家情绪的闸门突然打开了。大家还来不及把卡片放在垫子上，就有人开始根据自己的情况进行判断，兴奋地分享他们的感受和需要。杰德说图书馆里同时有三个班级的学生，他觉得太热，太拥挤了。他说他感到沮丧和不安，非常不舒服，他还要在那里待很长一段时间。希瑟承认她撕碎别人给她的一张纸，然后扔到废纸篓去了。她看到有些碎纸片掉在地上，但当时她并不在意。她当时很不耐烦，因为她不知道为什么要在图书馆上课，也不知道该干什么。艾伦解释说，他之所以在书架上乱画，是因为他找不到他想要的书，感到气馁、无助，当时也没有人帮助他。他是用铅笔画的，他想把它擦掉，但没有时间。

大家这样自告奋勇、发自内心地分享进行了几分钟后，杰克逊老师说："我听说你们有些人感到困惑、不安、焦虑和沮丧。还有人想说吗？"

"自我关闭。"张叫道，"没有人可以倾听我内心的想法，所以我也不再倾听了。"

"好吧，"杰克逊老师回应道，"所以另一种感受是自我关闭。听到大家讲出来后，我知道大家之所以有这些感受，是因为你们想要被人听到，想要明确知道该去做什么。你们有问题，需要获得帮助和支持。你们希望知道发生了什么，希望在图书馆里感到更舒服，因为那里太拥挤，太热了。还有别的吗？"

没有人说话。

"现在你们明白了自己的感受和需要，大家能讲讲你们希望自己当时应该怎么去做吗？"杰克逊老师问道。

另一波回应开始了：我希望我当时能拿起一本书，坐在角落里读；我希望我当时在写作业；我希望我能问一下我是否可以在走廊写作业；我希望自己当时叫杰森帮我找一找我想要的那本书；我希望当时在自己的笔记本上画画，而不是在书架上乱画；我希望我走到废纸篓旁边，把碎纸片放进去。

杰克逊老师点点头，说："下次当你感到紧张，但是无法向别人倾诉的时候，请记住这些想法。对于拉德女士留纸条这件事，我们下一步该做什么？"

大家又开始打开了话匣子，每个人都想为拉德做点什么：我们去问问她，该做点什么来补偿她；我们给她写个便条吧；我们做一张漂亮的卡片，大家都签上名字，然后送给她；把她请到我们的教室，让某位同学给她朗读我们写的便条；我们去整理图书馆的书架吧；我们为她举办一场感恩活动吧；我们把以上这些提议全部付诸实践；我们也给代课老师写一张便条。

学生们热烈地讨论如何与图书管理员和代课老师重新建立连接。杰克逊老师将他们分成几组，分别来实施这些计划，在下午的大部分时间里，他们都在愉快地施行各自的计划。

——维多利亚·金德尔·霍德森，www.thenofaultzone.com

我的……建议是培养同理心——把自己放在他人的位置——从他人的角度看这个世界。同理心是一种可以改变世界的品质。

——巴拉克·奥巴马

个性不合导致合作困难

我向经理、主管和商人提供个人疗愈咨询服务，有些人将此称为"内在的游戏"。这不可避免地涉及人们在工作中如何进行沟通——是否能够给别人提供诚实、友好的反馈，在收到反馈时，能够获得什么样的表层信息和深层信息，以及有限的协作技能在哪些方面会出现障碍。这有点像婚姻咨询。

杰克逊是一个小企业主，他和一个朋友合伙开了一家软件初创公司。他们的商业计划围绕着一个特定的产品展开，但杰克逊的商业伙伴道格一直在尝试提出新的创意，这让杰克逊很沮丧。因为我一直分别为他们俩提供咨询，偶尔也同时为他们提供咨询，因此，杰克逊与我约定了一次电话咨询。

"自从我们创业以来，我就一直要管束着他！"我们刚打完招呼，杰克逊就连珠炮似的开始讲话，"他就像个小孩子，我都烦透了。我们制订出一个计划，需要在赢利后再专注几年。我们可以在将来再计划扩张，现在只是勉强过得去。"

我担心杰克逊和道格之间的信任正在恶化。杰克逊不想引起动荡，所以他很紧张。在一些小事上，他不想把自己对道格的紧张情绪说出来。他不断让自己保持友善，但还是流露出挫折感。

道格觉得杰克逊太黑白分明，过于刻板。道格很喜欢那种天马行空的创意，喜欢让新奇的想法自由流淌。他希望杰克逊能一起参与这些想法。他不太在乎某些想法是否获得跟进还是被搁置起来。他只是想享受自己的创业精神。

冲突的核心是，两位合伙人为他们的企业提供了不同的力量源泉。他们面临的挑战在于，勤奋、线性思维的杰克逊并不看重对方所提供的创造力和活力，而对方也忽视了杰克逊的优势。

杰克逊在某些问题上积累了怨恨，他需要发泄。我请他随心所欲地谈谈，我只是充当倾听者。一旦杰克逊觉得我理解了他的观点，他的防御状态就被软化，我们开始为他与道格展开富有成效的对话做准备。这个目标是双重的。首先，他想有效地说出自己的想法，既坦诚又富有慈悲心。其次，在谈话结束后，他想让自己与道格建立起更多的连接，哪怕只增加一点点。

我的参与只是为了支持两位合伙人之间的对话。

杰克逊开门见山地说，针对影响他们合作关系的一些分歧，他想进行沟通。他仔细、清晰地表达了自己的意图。

"我想我俩都很关心我们的生意。我知道你和我一样都在用心投入。我只想简单谈谈，这样我们可以更好地利用各自的优势。有时候，我们似乎在毫无必要地相互误解。"

"你指的是我前几天提出的那个项目建议，对吧？"道格很肯定地说，语速比杰克逊快得多。

"哦，不，不仅仅是那个。这是个更宽泛的问题，我只是想举几个例子。"杰克逊说，听起来有些慌乱。

"好吧，你从来不喜欢我的想法。你让我参与进来，只是因为我具有销售背景，但你从来都不想听我的意见！"

"跟这个无关……"杰克逊说，他的嗓门越来越大。

我发言进行干涉，建议大家暂停一下。幸运的是，我们对此早有准备。简单协调之后，杰克逊切换到倾听模式，我认为这样做挽救了对话。

我说："你们俩似乎有一些罅隙，所以我很高兴你们能来谈谈。好，杰克逊，我知道你有些话想说。但是，对于你的这些话，道格现在可能还没有准备好去倾听。"

我停下来，微笑着看着他们各自都深吸了一口气，我们之前已经就此进行了约定。

我看着杰克逊，问道："你愿意倾听一会儿吗？听听道格的想法？"

"好，"杰克逊说，"对不起，道格，请继续。"

"我受够了。我是作为平等合伙人加入的，现在你想时时刻刻都占主导。我从来没有发言权。你只是不断宣布你想做什么！"道格大声说。

"好吧，所以这里有部分原因是关于决策的？"杰克逊问，继续深呼吸。

"没错，就是如此！"

"你似乎想获得更多的发言权，例如更多的参与或合作？"

"是的，我需要更多的参与。当然！我希望获得重视！"道格翻了翻眼睛说。

杰克逊马上接过话，狡黠地笑着说："如果你想得到重视，也许你要确保参加所有的会议！"

我咬紧牙关，等着看他们是否能解决这个问题。

"你知道我为什么没去参加那个会议！我只缺席了一次，或者可能是两次。伙计，你又提起这件事，真让我生气。"

"好吧，我明白了。"杰克逊说，"听我说，我很难过，但我已经尽力了。对不起，我知道这么说你很恼火。"他叹了口气，抬起头来。

道格也叹了口气："天啊！真不敢相信你还不依不饶，我已经解释过好多次了。"

"所以当你听到这个问题时，你会很恼火，还有点吃惊。"杰克逊继续下去。他用疑问的形式重新说了一遍，"我提起这件事你生气了吗？"

"是的！但更重要的是，我不确定这是否可行。你希望我像你一样，按你的时间表工作，按你的方式做事。我不想被你一直这样评判！"

哈！实际上道格提到的话题是杰克逊一开始就想深入探讨的。我们一直在他们合作关系中的这个核心问题附近徘徊。我希望这些小问题不要将我们带偏，但是，这些小问题是大问题的征兆。

"我明白，"杰克逊说，"不管怎么说，我想我已经明白了。你说你不想被人评判。你想让我欣赏你做事的方式。谢谢你让我知道。"

"是的！"道格回答道，"和你一起共事，我冒了更大的风险。没错，我在某些方面冒了更大的风险，虽然在另外一些方面风险变小。但是，如果你不愿意听我的意见，我也不想参与了。"

"所以……你是想让我了解到你的贡献，并且需要你的贡献。"

"没错。"道格的身体姿势明显放松了。

"嗯，我只想告诉你，我愿意了解你的贡献！我真的很感激你的贡献！"杰克逊说，"我知道，碰到令人心烦的琐碎事情时，我总是不能很好地处理它。我承认，我不太擅长在做决定的时候进行讨论。但我希望你能参与。"

道格点了点头。

好像是为了打破暂时的沉默，杰克逊重复道："我真的是这样希望的。"

谈话继续着，他们俩不由自主地说出了自己在对方身上看到的种种优点。为了进一步面对现实，我结合之前他们单独向我咨询时获得的经验，简要地谈到他们将来依然可能会面临的一些与个性相关的挑战。我们设立了一个计划表，以便将来以相互协作的形式进行更多的对话。例如："让我们看看我们能够为解决这个问题做些什么"，而不是说，"你有这么多毛病，我该如何讲起呢？"

我很高兴也很感激，因为在关键时刻，当杰克逊急切地想表达自己的时候，他选择了去倾听。他们之间的能量连接得更加紧密。我觉得这是一个成功的案例。

——玛丽·戈耶，www.consciouscommunication.co

我们认为自己在倾听，但我们很少带着真正的理解和同理心倾听。就我所知，这种倾听是最强大的改变力量之一。

——卡尔·罗杰斯

坦诚相告的同理心

我在一家大型医院担任健康生活顾问，人们经常来找我帮

134

助他们控制体重。一天，一位 50 多岁、穿着考究的非裔美国人走进我的办公室。

在讨论减肥目标时，我想知道在他的生活中，有哪些其他因素会影响到减肥效果，因此，我就会询问有关压力的问题。我了解到，就在三个星期前，他经历了一场痛苦的遭遇。他用柔和、平静的声音描述道，那天，在上早班的路上，他的车被几辆警车拦住。警察把他从座位上拉出来，用枪指着他，让他脸朝下趴在地上。过了不久，他被释放了，稀里糊涂地，一切都结束了。那次事件发生后，他就睡不好觉，感到紧张不安。因为担心同事会取笑他，他没有告诉任何人，为了家人，他想成为一个坚强的人。他看过两次心理医生，但似乎没有起到什么效果。

我知道，这次的经历对他影响很大，所以我一开始就安静地坐在那里，对这次令他心有余悸的遭遇表示尊重。随后，我用温和的语气猜测他的感受。

我是这样跟他讲的："这样的遭遇肯定让你不知所措，也

> 非同理回应
> 示例
> **建议**
> "你为什么不跟她谈谈？"
> "你可以试一试。"

许你现在还没有走出它的阴影。因为，作为人，你需要安全感——基本的安全感。被人用枪指着带来的冲击会伴随你一段时间。"

他点点头，稍做犹豫，随后表示同意："是的，你讲得有道理。"

接下来，我问了关于尊重的问题，想知道这次遭遇是否让他觉得不受人尊重。他耸了耸肩。我没有在他身体上看到任何变化。如果我通过同理心所做出的某种猜测能够让对方产生共鸣，他通常会通过身体动作表现出来。

然而，我在自己的身体里却感受到某种东西。我感到愤怒，或者说是愤慨。我想象如果我有同样的遭遇，我会失眠，因为我会很闹心。但是，我在他那里没有发现任何愤怒。作为白人男性，我很震惊，因为我知道非裔美国人在我们的社会经常得不到尊重，并且受到种族歧视。不过，我的猜测并不正确，所以我又绕回来问了一遍安全感的问题。

"嗯，"他说，"真正困扰我的不是安全问题。我知道那些警察不会伤害我……"

不过，我的问题促使他提到了一个新的细节。当他躺在地上时，警察把手枪对准了他的头，并且上了膛。他似乎突然产生了灵感，说他相信，正是对这个细节记忆让他一直保持警觉、紧张、难以释怀。

听到他这样说，似乎有一种强烈的感受闪过我的内心。我感到一阵电流传遍全身，像火焰一样深沉而强烈的感觉充满了我的身体，这几乎让我的头发都直立起来。

当这种感觉突然在我体内涌动时，我确信自己知道那缺失的部分是什么。我突然想到一个词，我不得不深吸一口气，因为我的眼泪流了下来。我对他这样说："我的兄弟，坦诚地说，是关于尊严吗？"

他看着我，眼里充满了泪水。这让我非常不舒服，也让我紧张，但我的猜测是正确的。我们就这样愣愣地呆坐了几秒钟。他点了点头，我感到一股感情波浪向我袭来，里面夹杂着力量、荣誉、认可和友爱。我们对于尊严有着相同的理解。

我们就这样坐着。我记得我当时摇着头，张开双手，说："是的，是的。"我的脑海里涌动着三个概念——认同、认可并注重尊严。

我们达成这样的共识后，他的肢体似乎发生了某种变化。我顺着他的思路，陪着他思考接下来可以做些什么。

我把他的这种转变反馈给他："现在我们知道这件事意味着什么——尊严——你可能想做点什么。因为每个人都需要尊严，这是非常重要的。"

他表示同意，从椅子上直起身来。我们平静地探讨了帮他恢复尊严的方法。一种可能的方法就是向他的妻子敞开心扉，获得妻子的关心和理解。另一个方法就是给警察局写封信，描述他的经历，可能还需要获得某种形式的道歉。他认为得到一些认可将会有助于恢复尊严。我们讨论了如何通过写信的方式表达自己的心声，从而恢复他的力量感和能动性。在结束谈话之前，我们已经确定了几个可行的计划。

一两个星期后，他像变了个人似的回来找我。他说他将要愉快地迎接即将到来的夏季烧烤和家庭聚会。他更开朗，更有趣，但是说话的语气仍然温和、平静。他说他和妻子谈了谈，并一起给警察局写了一封信。他们并没有把信寄出去，但仅仅写出来就够了。他感谢我帮助了他。我只是陪伴着他，对他产生同理心，这真的起到了作用。看到他身上发生这种变化真是一件美妙的事情。我深受鼓舞——他似乎也深受鼓舞。

——蒂莫西·里根，www.remem-beringconnection.com

大多数人不是怀着理解的意图去倾听；他们倾听是为了做出回应。

——斯蒂芬·柯维

五岁儿童的自主和安全

我正在蒙特梭利幼儿园教授一门有趣的音乐表演课，突然感觉到一只小手放在我的肩膀上。5岁的伊塞图问我，她是否能使用水壶和微波炉来准备她的午餐汤面。我让她等几分钟，这样我就可以看着她做。我解释说我担心她的安全，等我有空了就会马上去找她。

几分钟后，当我去找伊塞图的时候，发现她已经使用完水壶了，她的面条在微波炉里。我顿时就生起了一股无名的怒火。她没有按照我的吩咐做，她根本不在乎我说了什么。她根本没有责任心，我无法相信她。我按捺住怒火，并试图厘清怒火下隐藏的东西。当我稍微觉得平静下来之后，我就准备找她讲话了。

我找到伊塞图，问她是否愿意和我谈谈。她点了点头。我知道如果她不愿意的话，我就是在浪费时间。

"伊塞图，我让你等等，要在我照看下使用厨房设备。当我去找你时，看到你已经使用过这些设备了。这让我感到非常害怕，因为我很关心你的安全，怕你被电到，或者被烫伤。你听清楚我说些什么了吗？"伊塞图回答说："你觉得我会伤害自己，但我知——道怎么使用！你上次教过我，你记得吗？"

我回答说："你是不是感到沮丧或者受伤，因为你希望我理解你，承认你可以自己做？"

伊塞图向我伸出五个手指头，辩解道："我5岁了！我自己能做！"她低头看着自己的双脚。我问："你想让别人知道你会些什么，对吗？"她没有回答，所以我又说了一次："所以你的意思是你会，但我不让你做？我猜这可能给你造成困惑和心烦。你想知道我是不是真的认可并相信你的能力？"伊塞图抬起头，眼里含着泪水，点了点头。"当你认为我不信任你的时候，是不是觉得很受伤？"我继续问道。

"因为你觉得信任非常重要？"伊塞图爬到我的膝盖上。她的身体明显放松了，她抬头看着我。

"我可以告诉你我的想法吗？"我问。"嗯嗯。"她说，依然是放松的状态。"我希望你在厨房的时候有人监督，不是因为我不相信你的能力，而是因为我要确保你的安全。"我看着她的眼睛说，"你能告诉我刚才我说了什么吗？"

伊塞图笑着说："你想确保我的安全吗？"

对话持续了一会儿，我们谈到了悲伤，也谈到了信任对我们双方的重要性——虽然形式上有所不同。

谈完之后，伊塞图再也没有抵触心理。她说在使用水壶、炉子或微波炉时，她愿意被人监督。

——马修·里奇

诚实是智慧的基石，它不是来自书本、信仰、教条或教义，而是来自人。

——欧内斯特·库尔茨和凯瑟琳·凯查姆

开发共同的居家环境

作为一名教授，我为某个交互设计研究生团队提供咨询。

他们正在为当地某个社区组织开发应用程序，设计产品和工作流程，帮助社区组织解决遇到的挑战。学生们向我介绍他们设计项目"碰壁"的沮丧经历。他们刚刚向合作组织的成员展示研究成果，但对方的反应不冷不热。他们耷拉着肩膀，愁眉苦脸，诉说着失望和挫败感。

他们的合作对象是一个社区资源中心，向湾区无家可归的人提供帮助。这个组织为人们提供洗衣和淋浴设施、支持服务、会议室，以及一个安全的社交和休息空间。该组织在与用户的沟通上遇到了一些困难，希望能有一个"快速解决方案"来解决这个难题，但学生们还不能提供出方案。

"我们已经完成了研究工作，花了几个小时来综合我们的结果，但是并没有发现灵感，也没有找到预期的方向。"金说。

"我们似乎无法满足中心的那些人。他们想要我们改善他们的沟通效果，但我们不确定到底是什么样的效果。"德夫补充道。

"我们是为谁进行设计？"杰夫问，"中心的员工？无家可归的那些人？我不知道该把重点放在哪里。"

起初，整个团队很高兴能够与那些人合作，通过设计方案满足他们的需要。在交互设计基础课程中，他们学习到"同理心是设计过程中的核心"，这是他们第一次有机会在应用场景中运用同理心。

我邀请学生们分享他们的经验，并认真倾听他们描述自己的研究过程和成果。学生们讲述了他们花费时间采访员工、观察、参加员工会议和活动，并且促成一次研讨会。在这个研讨会上，他们获得了对该组织正性核心①的理解。

他们了解到，该中心的员工专注于让所有人都有宾至如归的感觉，但是因为需要服务的无家可归者太多，他们感到不知所措。员工需要获取越来越多的用户信息，而那些用户又不去阅读墙上的公告，因此他们不了解资源中心的政策、专案经理会议和其他一些重要活动。这让中心的员工感到沮丧。用户不参加安排的活动，也不使用支持服务。

学生们还向我展示了他们所收集到的信息，其中涉及居住在旧金山街头数量惊人的无家可归者，以及社区在提供服务方

---

① 正性核心（positive core）是组织管理学《欣赏式探寻》（*Appreciative Inquiry*）中提出的一个重要原则。它被视作是激发集体智慧、创建学习型组织最实用有效的方法，它包括4D循环过程：发现（Discovery）、梦想（Dream）、设计（Design）、实现（Destiny）。

面所做出的努力。

当他们介绍完研究成果后，我说："我知道你们在设计工作上很努力。现在让大家感到困惑的是，能为中心的工作人员提供什么帮助，如何帮助他们在如此苛刻的条件下和用户建立联系。对吗？"

"是的！"

"我们对这个项目投入了很多精力，希望我们的设计能适用于所有人，但我们真的需要建立共识。"瑞安补充道。

"按照你的理解，中心的工作人员似乎希望改善与用户的沟通，他们希望用户能阅读张贴在墙上的重要信息。我的理解正确吗？"我问。

大家纷纷点头。

"我很想知道你们是如何与该中心无家可归的用户建立联系的。你从他们的需要中获得了什么？"

学生们分享了他们从该中心的用户那里获得的发现。通过一对一的面谈，学生们了解到用户非常珍视中心的服务。他们很感谢在社区房间里拥有放松和相互联系的机会，而女性尤其喜欢星期四的"女士之夜"聚会。这些用户强调拥有独立储物柜的重要性，他们将之称为自己的空间。一名学生指出，储物柜是用户存放个人物品的唯一安全场所。

当被问及中心的宣传信息时，一些用户说他们从来没有看过墙上的告示，因为那些告示写得乱七八糟。一位用户将它们称为"铺天盖地的信息海洋"。

埃斯特拉转向我，平静地说："这个项目对我意义重大。我花了三天的时间和用户坐在一起，询问他们的经历，我纯粹做一个倾听者。我把我们在课堂上练习过的积极倾听技巧都用上了。我和其中一个用户安妮塔建立了很好的连接。令我惊讶的是，她的年纪并不比我大多少。她说，这个中心是她遇到的最像家的地方，她将储物柜称为自己的空间。我一边倾听，一边环视着中心，以一种不同的方式审视它。对于用户来说，它就是自己的家。我还记得我第一次来旧金山找不到住处时的情形。我从一个朋友的公寓搬到另一个朋友的住处。我没有地址，也没有地方存放我的东西。人们能找到我的唯一方式就是通过我的手机。那是一段可怕的时光。我意识到安妮塔和我都需要一个我们称之为家的安全港湾。我希望我们的设计项目能让用户有宾至如归的感觉。"

大家都沉默不语。我说:"你和安妮塔的沟通过程深深地打动了我。你说你很想通过中心的这份工作来支持她。"

"是的,没错!"埃斯特拉兴奋地前倾身子,大声说。然后她顿了一下,"但是,我认为我们的工作是为中心设计一套沟通系统,而不是为用户设计这样的系统。"

我环顾四周,学生们都用期待的目光看着我。

"我知道大家一直在努力研究中心员工的需要,因为大家都知道这是你们的任务。在这个过程中,你们也开始理解和关心用户的需要,也想帮助他们。你们有没有可能设计出一种方案,同时满足双方的需要?"

学生们立刻打开了话匣子。几个学生开始发言,描述他们在前几个星期与用户的互动情况。大家了解到,用户非常感激工作人员能叫出他们的名字,也感激有特殊的地方供他们互相留言。金给我们看了一张用户储物柜的照片,储物柜里放着他家人和狗的照片。学生们分享了一些令人惊奇的发现,几乎所有的用户都有手机,就像学生们一样,他们也依赖手机进行交流。

当学生们转换话题,开始分享用户的居家体验时,他们的思想和心灵都打开了。他们对居家沟通的实践采用头脑风暴的方式进行讨论，并且能够利用同理心找到满足多种需要的解决方案。在接下来的几个小时里，学生们站在用户的角度，意识到用户们不想让墙上贴满告示。随后，他们也站在工作人员的角度，感受到他们急于向用户传递信息的心情。学生们想起了他们过去所设计的集体宿舍沟通方案，他们设计出一款手机应用程序，中心的工作人员可以利用它与用户进行个性化的沟通。

学生们提供了一些沟通方式的设计草案，并将它们展现给中心的工作人员和用户，他们热情地参与进来，对方案中涉及的功能进行修改和添加。学生们与中心进行合作，通过统筹安排，显著减少了告示的张贴。他们一起创建了更衣柜的邮箱和电子系统，将书面投递沟通方式转变成个性化的邮箱沟通方式。他们还开发了一款定制的手机应用程序，解决了该中心的许多沟通难题。借助该应用程序，工作人员可以向用户发送重要消息，用户也可以向工作人员发送消息并发起活动，该程序还为用户提供了互相发送信息的渠道。

学生们成为了中心社区的得力干将，他们花费时间与用户一起，帮助他们设计储物柜，使储物柜的内部更具个性化。最后，所有人都感觉身处自己的家中。

——莎伦·格林，www.wisedesi-gncolab.com

人们对那些看起来拥有更大权力、更高地位或更多资源的人很难产生同理心。

——马歇尔·卢森堡博士

上司霸凌

我和我们的部门经理帕蒂正在开会。我对她不是很了解，但是她看起来很有活力，也很有创新精神。我开始向她解释一些我担心的项目限制。当我从技术角度分享我的观点时，帕蒂用越来越响亮、尖锐的声音进行回应。她看起来很坚持，很生气，似乎觉得我与她分享自己的观点就是不服从她的命令。我试图表达自己希望协同解决问题的意愿，但我话还没说完，她就打断我，说："你必须这样做""不要找借口"或"把这个方案运行起来"。最后，我简单地说了声"是"，就迅速离开了办公室。

我感到震惊。在我看来，一些很中性的语言就能激起她的情绪。我开始在心中形成对帕蒂的印象：她脾气暴躁，反复无常。我很快发现我不是唯一有这种感受的人。许多和帕蒂密切共事的人也有同样的感受。她以恃强凌弱著称，表现出你不希望在经理身上看到的所有品质。

那次会议之后，每次经过帕蒂身边，我都如履薄冰。我试图无视她，谴责她，但这并没有使我的内心状态有所好转。于是，我积极地去探索我内心与她有关的脆弱状态。这很困难，因为我的自我评价是：我很软弱，过于敏感。我决定对自己诚实，认识到我感到痛苦是因为我在乎。

我也能看出我非常想和她和平相处（就像我和所有人一样）。我知道和平的关系或许是不可能的，但一旦我开始尊重和连接自己内心想要和她建立良好关系的愿望，我就更具有包容心——事情并不完全由我所控制。经过几个月的努力，我终于能在帕蒂面前感到轻松自在。与此同时，同事们纷纷抱怨帕蒂很难相处，说她正在毁掉公司。按照办公室流传的说法，她正在成为"所有错误的根源"。我认为这种说法把情况简单化了，忽略了其他动态的因素。

不久之后，我发现帕蒂给自己的下属发了邮件："我听到传言说我很难共事。我曾听有人说，我做的有些事情让他们陷入麻烦，但没有人当面和我提到过这些事情。如果你们不跟我讲，我就无法解决这些问题。"

我觉得自己有一股强烈的冲动，想和她谈谈。这种冲动就像是我所有内在情绪的自然延续。这是一个很好的机会，我可以帮助我所关心的这家公司。但我也怀疑自己是不是在妄想。这很重要吗？我真的能做出改变吗？

我向同事塞拉谈起这件事。听完我的想法后，她回答说："这很可怕，因为你不知道会发生什么。你可能会成为她的头号敌人。另一方面，在这个世界上，人们之所以能取得进步，是因为他们在信念和希望的驱动下，愿意做出可怕的事情。"

塞拉继续着她的宏大叙事，介绍如何改变世界，或者我们如何为此贡献自己的力量。在她讲话的时候，我的注意力从对促进组织变革的妄想转变为问自己是否有勇气去尝试。

第二天，一个绝好的机会来了。帕蒂在会议结束后找到我，对我说:"我觉得我伤害了你。如果我有什么做得不妥的地方,希望你能和我谈谈。"这是一个直接的请求,它显得真诚而脆弱。我想让自己清楚地知道当下的处境,我要给上司进行不那么让人舒服的反馈。因此,在另一位同事的见证下,我们开始对谈。

我率先发言:"我想解释一下为什么我同意与你沟通。因为你想了解情况,愿意倾听,这让我很感动。"我稍做停顿,深呼吸一次,"我想坦诚相告,这次会谈对我来说很可怕,因为在公司里,你的权力更大。但是我能感觉到你的真诚。如果我能帮助你了解自己所处的动态关系,让你获得提升,或者改善人际关系,对我来说,这是非常有意义的。我坚信每个人与生俱来的善良,也相信改变的可能性。"

"你能这么想真是太好了。我做了什么冒犯你的事吗?"帕蒂问。

我深吸了一口气,说:"每个人都是正面和负面品质的混合体,有时我们并没有意识到对彼此的影响。几个月前,在一次项目会议上,我们进行了一次对话。我记得的情况是……"我接着告诉她我印象中她说过的话。我解释说,她当时回应的强度超出了必要的范围。

"这些我都不记得了。"她回答，"对不起，我说了一些伤害你的话。"

我想起了过去我和治疗师的谈话，她曾经告诉我，恃强凌弱的人完全不知道自己对他人造成的影响，这种现象很常见。有鉴于此，她的回应就很好理解。我对她升起了同理心。

"别人告诉你，你造成了非常负面的影响，这一定让你很痛苦。"我试探着说。

"我不明白为什么其他人在背后说我的坏话。你为什么不早点告诉我？"帕蒂问。

我没有直接回答，而是猜测她这样问背后的真正含意："你是不是希望自己有机会解决这些问题，而不是间接地被人们所讨论？"

"是的！"她大声说。

"你似乎希望人们能够更体谅你的感受？"

"是的。对我来说，这真的很艰难。"她深吸了一口气。

我继续带着同理心进行猜测："我很感激你能倾听，并接受我的看法。听到关于自己的不利言论真的是不容易的。"

"是的，这让我很惊讶，但也很有帮助。"帕蒂回答说。

然后我改变了策略，说："对我来说，那件事真的很困难，我花了一些时间才渡过难关。我原本没有想过要和你谈这件事，因为你的行为看起来既古怪，又严厉。我不相信你具有关心别人的能力。我告诉你这些，不是为了让你难受，而是为了帮助你理解它造成的影响。我以前总是避开你，后来费了好大的劲才让自己在你面前感觉自在些。"

"天啊，你费了好大的劲？真是对不起。"帕蒂脸上的忧伤和惊讶是显而易见的。

"是的。看到你为我的痛苦感到伤心。这让我觉得好受些。"我说。

"你心里好受一些，这让我很欣慰。"她似乎被打动了。

"我也有责任，因为没有人能够明确地知道他人的动机……"

"是的，"她表示同意，"有时候人们太敏感了。"

"是的，有些人可能比我更豁达，但是，有些人比我更敏感。但是我要告诉你，那次你在会议上的行为太令人震惊了。我知道你已经忘记了这件事，但还有其他人觉得和你沟通很困难。"

这是一条脆弱而微妙的界限。虽然我不想让她自怨自艾，但是我也想让她勇敢地面对她给我和其他人造成的影响，那些人没有勇气讲出来。

她似乎接受了这一点。

我接着说："我完全同意，在任何动态关系中，每个人自己都有责任，但人们也会相互影响。我想，在你的生活中一定有一些人对你产生了积极的影响，甚至激励了你。对不对？"

她点了点头。

"但有些人对你有负面影响。我们与他人的互动方式可能会激发他们的正面情绪，也可能会激发他们的负面情绪。我这样说有道理吗？"

"是的。"她说。

"我希望你能把工作做好。我也知道你想要和其他同事建立良好的关系。我希望你能理解我的遭遇，这将帮助你调整自己的行为方式，从而获得更大的成功。"

"看得出你在关心我，我很感激。"她说。

在我们的谈话结束时，帕蒂告诉我，她很珍视我的坦率。

后来，我意识到，我之所以有勇气告诉她，是因为我从对自己弱点的自我评价中走出来了。我内心被帕蒂所伤害到的那一部分也正是我所看重的。正是这一部分使我能够向她敞开心扉，虽然她有难以相处的一面，但是我还是能够看到她也拥有好的品质。我可以带着爱和尊重说出棘手的事情。

在接下来的几个月里，大家传言帕蒂的脾气改善了很多。然而，让我忧伤的是，与过去相比，她似乎变得沉默了。我希望随着时间的推移，她学会如何在保持真实和激情的同时，亲切、友好地与人讲话。我后悔没有给予她更多的同理倾听和支持，但考虑到当时各种权衡——我的期望和脆弱、我的沟通能力、她的不适和我的职业生涯——我还是很庆幸自己能挺身而出。

总而言之，我对我们那天取得的成果以及为此进行的所有努力感到满意。

——菲尼克斯·索莱伊

同理心的产生取决于我们安住当下的能力。

——马歇尔·卢森堡博士

心存疑虑的医院主管

一家医院聘请我和我的搭档去帮助他们解决一些人事问题。医院的急诊室一片混乱。由于护士和医生不能友好相处，他们估计，在人员周转成本上，医院要多耗费 35 万美元以上。在这种工作文化中，大家每天都在上演闹剧，很多员工在这段时间里辞职了。

招聘和培训预算很高，所以医院的主管们想找到解决人事配备问题的办法。我们借助一些基本的连接和合作方法，对急诊室的工作人员进行了大约 6 个小时的培训。在开始培训后的 8 个月里，医院的周转成本迅速下降，几乎达到零。所以他们继续聘请我们，让我们教授其他课程。

我们专门为整个领导团队设立了一个班级，学员包括董事会成员、所有高级管理人员和医院的所有主管。医院规定，课程出勤是强制性的。鉴于我们的课程内容强调"自主选择"，这种强制性的做法似乎并不妥当。

在我们开始上课的时候，我注意到，坐在前排的一位女士看起来并不开心。尽管她坐在前排——这通常表明她对课程感到好奇，有兴趣，但她的身体语言一直在说"不"。她交叉着双臂和双腿，扭着身子坐着，与我们保持距离。在那天的第一次课程中，她甚至连看都没看我们一眼。

我猜她的行为体现了这家医院的工作文化，但我们并没有就她的抗拒行为直接与她建立连接，而是非常明确地对她产生同理心——她处于某种被迫的状态，如果不参加课程就会受到惩处。这项内容也是我们这次培训的一部分，并与有关合作的内容结合在一起。我们想让大家明白，只要我们产生了不得不做某事的想法，我们就陷入所谓的"豺狗"意识中，这是一种异化生命的沟通状态，这样我们似乎就处于受到威胁的魔咒之下。

我俩概述了这些观点，然后，开始进行自我同理的简单教学过程。在这个过程中，大家有机会转化"不得不"能量，将其与他们自己的需要连接起来。

在练习过程中，我们注意到坐在前排的那位女士开始将能量转向她自己的需要。她似乎在遵循我们的建议，让自己具有同理心。当她开始同理自己时，她似乎与自己的动机产生了更多的连接。她的肢体语言也放松下来了。随着时间的推移，她的肢体语言发生了变化，并且对我们的培训内容提出了问题，也进行了质疑。看到讨论变得如此活跃，我的感觉真是太好了。

有时，我很想进入指导模式，纠正一些可能被她误解的观点。但是，我并没有那样做，我们继续通过同理心来承认她的经验，并通过以下的话来和她建立连接："你可能会担心这些沟通方法让工作的效率变得更低。好的，我明白了。"

我们很高兴回答她的问题，但我们从来没有试图说服她去做任何事情。当她提出自己的担忧时，我们只是承认她认为重要的事情，然后回到小组材料上去。

那一天结束的时候，她给了我一个温暖拥抱，这让我大吃一惊。多么大的转变啊！我们建立了真正的连接——她至少从我们提供的想法中获得了真实的收益！

——吉姆·曼斯克，www.radicalcompassion.com

从理智上对问题进行理解阻碍了同理心的产生。

——马歇尔·卢森堡博士

获得证书

在最后一次非暴力沟通课程快结束时，一位在圣昆丁州立监狱服刑的人问我，为什么他没有拿到证书。我提醒他，我们的课程协议中包括一些家庭作业和出勤要求，他没有满足要求。他立即提出了反对意见，说他对这些要求并不清楚，然后争辩说他做了家庭作业，但是我没有记录。他的语速越来越快，声音越来越大。

在某个刹那，我也意识到，在回答他时，我的声音也越来越大，语速也越来越快。对我来说，这就是一个信号，提醒我已经进入了"谁对谁错"的争论之中，这样下去对任何一方都没好处，而且我已经把争论背后双方都关心的问题置之不顾了。

我记得，当人们提高声音、加快语速时，往往表明他们迫切需要被他人倾听。于是我停下来说："我注意到我的语速越来越快、声音越来越大，你也是如此。让我先暂停一下，看看是否能够理解你所表达的要点。你能告诉我为什么这个证书对你来说很重要吗？"

他马上平静了一些，对我说："你听我说，我并不在乎法官或者假释裁决委员会是否能在我的档案里看到这样一个证书。这对我来说无所谓。但我此生还从未获得过任何证书，我希望能把它挂在墙上，时常看看，知道我做了什么，也让他人看到我做了什么。"

他的这种渴望打动了我。"看来，对你来说，最重要的是获得认可和成就，并让别人看重你？"他接受了我的说法，稍做停顿之后，我说，"也许你想通过证书获得自尊？了解到你的想法之后，我真的很感动。"

知道我理解他的意图之后，他似乎松了一口气："是的，没错。"

"我完全明白你的意思。我也想坚持自己的原则。"我说，"在给他人颁发证书的时候，我要确保我认可他在个人成长、自我责任和协同学习方面的能力。我想看看我们是否能找到一种方法来满足双方的需要。"稍做停顿之后，我打算尝试转换策略。

"下面这个提议怎么样？"我问，"我会在你的监狱档案里放一个文件，说明你没有获得结业证书，但我会为你制作一个肄业证书。你觉得如何？"

"好！"他说，"这个主意听起来很好！"他对这个计划非常满意。我们在相互的善意和尊重中结束谈话。

如果剧情不是这样发展，他可能会愤愤不平，甚至可能还会对其他狱友讲非暴力沟通课程的坏话。最后，我可能会认为他是一位非常不配合、惹是生非的人。但是，我没有让剧情那样发展，而是感受到我们共同的人性带来的温暖。

——梅甘温德·依沃扬，www.baynvc.org

对他人进行的判断、批评、分析和解释都是我们自身需要和价值观的异化表达。当别人听到批评时，他们往往努力地进行自我辩护或者反唇相讥。我们越是能够将自己的感受和需要直接连接起来，别人就越容易做出富有慈悲心的回应。

——马歇尔·卢森堡博士

"棘手"的客户

我曾在硅谷一家大型高科技公司与一个梦幻团队（dream

team）一起从事网络营销工作。书架上的威比奖 ① 或许可以作为证据，证明我们热爱自己的工作，并且也擅长我们的工作。作为项目经理，我有很多责任，但几乎没有什么权力。然而，我并不介意，因为我喜欢协同工作……嗯，通常是这样。

我们的客户肖恩正在筹备一个新项目，他坚称那是"下一个大事件"。他兴致勃勃地宣告："我们需要一个新的网络展示——必须引人注目，它要有一个令人惊叹的元素。你们什么时候能完成？"

他似乎把我们的工作想得很简单。他的热情让人觉得可爱，但有点过头。他让我想起一只三百磅重的小狗。

"嗯，首先，我们需要你提供一些东西。"我告诉他，然后提到了一些会影响我们工作安排的事项。"一旦你把这些文档准备好，我们就先来安排一次团队会议吧。"

几天后，他说他准备好了。我们将整个团队聚在一起，但是肖恩却空手而来。我们重述了我们需要他准备的资料。

"如果你需要其他帮助，请告诉我们。我们可以推荐相应

① 威比奖由国际数字艺术和科学协会主办，用来奖励在互联网领域做出突出贡献的人。

的人选。"听到我们这样说，他似乎不知所措。

肖恩继续给我打电话，纠缠不休，要求获得项目进展信息，却没有提供任何我们需要的文件。他很坚持，这一点我很欣赏。

后来，他采取了威胁手段，说要把事情闹大，并"驱逐"我们整个部门——他强调我是路障，对我的态度带有人身攻击的意味。这就是所谓的霸凌吗？我心里想。

我越来越抗拒，不想再和他一起合作。

肖恩接着给我发邮件，告诉我他已经公开宣布了"下一个大事件"的发布日期。这让我措手不及，我们只能背水一战。网站不构建好是不可能的，所以没有回头路。肖恩在没有咨询我们的情况下就给我们的团队设定了发布日期。

我非常愤怒。"他在想什么？"我在内心尖叫起来。

是时候放慢节奏，做一次深呼吸了。我想，如果我能与他建立一些连接——哪怕仅仅是在我的内心，我的感觉可能会更好。但我很难与他建立起连接，因为他身上的很多东西都让我反感——他的粗鲁、咄咄逼人，他的无能。

这些都是很好的线索，我可以从中发现我重视的是什么。

我把手放在胸口，让自己真切地感受到沮丧与失望，感受自己想要获得他人体谅的期望和对尊重的渴望——我希望他人尊重我们团体的专业水平。

通过这种与自我建立更强连接的方式，我感到一阵由好奇带来的刺痛。肖恩的内心感受又是怎样的呢？我知道这个项目对他来说真的很重要。我猜他是真的想以他认可的方式把事情做好。这我能理解。

不过我还是在挣扎，不相信他的行为是出于良善的动机。他具有攻击性，不可靠，难以捉摸。我无法想象我们会坐下来讨论如何更好地合作。我也承认自己心胸狭隘，我就是不喜欢他。

在自己的痛苦中，我看到了我是多么渴望被人关心、被人体贴，获得可靠性、可预测性，与人进行清晰的沟通。我希望我俩都能获得这些。

我把这次的分歧看作机会，它能够使我加深对自我的连接，通过工作重新确立自身的价值观，并在自己觉得有意义的事情上诚实行事。尽管存在着内在的挑战，我依然努力地将这个项目向前推进。经过这样反思之后，我觉得自己更有创造性，更有决断力了。我突然意识到，我不再那么带着个人情绪去看待他。

那周晚些时候，我们整个团队拜访了肖恩。我们七个人挤在一间小办公室里。房间挤得满满的，大家满怀期待。

我首先开口："肖恩，我知道我们遇到了一些挑战。我知道这件事对你很重要，你要承担很大的风险，你希望你的新产品能引人注目。"

他点头表示同意。

我清晰、平静地向他介绍了我们受到的制约，并表示这真的不是针对某个人。

肖恩很安静。他第一次显得若有所思，而且通情达理。

没想到，他情绪变得非常好，说："看得出你在这件事上花了不少心思。我知道和我一起工作不容易。我们该如何从当前的状况继续前进？"

我们最终步入了正轨。

——安·奥斯本

我们常常有一种强烈的冲动，想要给他人建议或安慰，解释我们自己的立场或感受，而不是提供同理心。然而，同理心呼唤我们清空我们的头脑，全身心地倾听他人。

——马歇尔·卢森堡博士

力排众议

我被邀请加入我们特殊教育部门的招聘小组。我们正在寻找几个新职位的候选人，其中包括一个教学助理，他需要全天在教室里与主任教师一起工作。

面试完应聘教学助理职位的三个候选人之后，我们有机会和小组的另一个成员罗伊讨论对这些候选人的印象。他是主任教师，将来要与助理教师一起工作。

让我吃惊的是，罗伊倾向于第三位应聘者，在我看来，这位应聘者一点也不突出。事实上，她在面试中的表现非常糟糕，招聘小组的某个成员甚至认为她故意破坏面试。她对面试问题的回答简短而含糊，没有让我们生起多少信心。

除了罗伊之外，小组里的所有人都依次发表意见，认为第三位申请人不符合从事特殊教育工作的条件，并给出了理由。但是，当我们继续谈论另外两位应聘者在面试中的表现时，罗伊不断地提到他对聘用第三位求职者的强烈愿望。

　　我们都知道这个职位与他有更大的利害关系，因为这个新人将直接与他一起工作。我也知道罗伊对这个应聘者印象很好，因为以前他们共事过，罗伊知道作为代课老师，她更有能力在教室进行辅助性工作。我们都明白这一点，但根据他的说法，要做出这样的选择是很困难的，因为我们需要根据现有的评估体系做出聘用决定。

　　当我们考虑到组织能力和与学生协作时所需的人际沟通能力时，她似乎是不合格的。开始的时候，罗伊说他相中的那个申请人可以学习这些技能，后来，他又说这些技能不是很容易就能够教出来的。

　　我们反复进行讨论，一直拖到下午晚些时候，我感觉到罗伊一直在为自己辩护，而且很生气。我们试图去理解他的观点，并提出一些问题让他澄清，这把他弄得心烦意乱。基于对他教学经历的了解，我最终意识到他是出于恐惧才这样去选择。

　　"你是不是害怕遇到比第三位应聘者还差的人，因此感到紧张，至少你还认识第三位应聘者？"我问。

"是的，完全正确。"罗伊回答，举起他的双手。

"好，"我说，"所以你担心被聘用的人可能会带来麻烦，甚至比去年的那些人更麻烦？"

"是的！"他大声说，"我们不能回到去年的状态，必须比去年更好！"

在座的所有人都点了点头，静默了一会儿。由于情况超出了所有人的控制，面试可能要推迟几个月进行。我们当时没有讨论到的一点是，这可能会造成这些职位难以找到合适的人选。

"我们明白你的顾虑，也就此达成了共识。"一位小组成员说，然后他又温和地重申了我们对第三位候选人的担忧。这次罗伊似乎真的将大家的意见听进去了。虽然我们已经达成了共识，但还是很沮丧，因为没有任何一位应聘者让所有人满意。

沉默了一分钟后，有人建议我们面试第四个人，他那天缺席没有到场。所有人都同意这个主意。我们制订计划，与第四位应聘者见面，之后再召集大家进行进一步的讨论。

罗伊知道我们关心他的工作，我感觉到他觉得我们理解他，理解他的担忧，因此，我们之间的对话得到了转变。

第二天早上，我们又聚在一起，罗伊完全做好了改变主意的准备。那天晚些时候，我们面试了第四个人——那个人非常出色！我们一致相中他！看到事情的最终结果，我感觉非常好。我很高兴大家在这个决定上意见一致，我们小组里所有人的意见都得到了倾听。

——凯文·戈耶，www.consciousco-mmunication.co

情绪专家知道并且能够很好地管理自己的感受，也能有效地明辨并处理他人的感受，他们在生活的任何领域——无论是在爱情中，还是在亲密关系中都占有优势，在办公室政治中，他们也能掌握成功的潜在法则。

——丹尼尔·戈尔曼

工资协商和女性权利

在我的整个职业生涯中，当我接受新公司的职位时，争取薪酬一直对我至关重要。对于每一份工作，我都努力争取更高的薪水，因为我知道，女性的薪水比男性低（男性挣 1 美元，她们只挣 72 美分），而且她们通常要照顾孩子和老人，她们的寿命也更长。女性遭遇的不平等和在资源占有上的巨大匮乏一直是我关心的问题——因此，工资谈判是我积极行动的一部分。

当我初次应聘本地一家非营利组织的工作时，他们给出的薪水很低，低得不可思议。但是，我对他们提供的职位很感兴趣，我想知道接受这个职位能否让我在财务上具有可持续性。他们愿意就薪水问题进行对话，在我们交谈的过程中，我们开始重新划定工作范围，使之包括更多的责任，这将增加我的薪水。

我看得出来，该组织的总干事正尽其所能地调整工资的范围，让这份工作适合我。她已经将额度调得比原来的上限还要高，但我觉得还不够。对于拥有 15 年工作经历的我来说，他们提供的工资太低了，低到我几乎无法维持生活。

当他们提出新的薪水标准时，我决定开诚布公："如果是这样的工资水平，我不能接受这份工作。我很抱歉。我真的需要提高工资，并且减少工作时间。"

总干事曼迪回答说："嗯，我们已经尽力而为了。对于这份工作，这就是我们能提供的最高工资了。"

"你已经在许多方面为我尽力了。"我认可她的说法。

"没错，"曼迪说，"我们没有更多的预算。"

"我猜作为一个非营利组织，你们的财务情况比其他组织更困难。我知道，艺术领域的薪酬比其他非营利组织低，因为艺术在这个国家通常得不到支持。"

"没错，"曼迪点点头，用更柔和的声音回答，"我们尽了最大的努力，但是还是没办法。"

"嗯嗯。你们已经尽力了。"

"没错。"她重复道，"实际上，我们最初的打算是雇用一些初级人员来做这份工作。所以我们已经通过一些方式来为你考虑了。"

"对，你们最初的招聘计划并不是这样的。我明白，为了帮助我，你们似乎做了很多的调整。你是这个意思吗？"

"谢谢你，是的。"她肯定了我的说法。

我停顿了一下，然后调整了策略："我真的明白你的意思。如果你不介意的话，作为女人，我还想分享一下我的价值观，以及我所倡导的这些价值观对我的重要性。你介意我就此说一两句吗？"

"哦，当然不介意！"曼迪大声说。

"谢谢你。因为事实上，男女之间存在薪酬差别，我觉得坚持讨论包括福利和薪酬在内的待遇很重要。对于这个宏大的社会议题，这是我能够尽到绵薄之力的地方。"

讲完我的想法之后，我发现她露出惊讶的神情，我深吸了一口气，让自己平静下来。

"当然，"她语速飞快地说，"你那样说没错。我的意思是，我想让你知道，我们基本上是一个由女性管理的组织。我们是一个家庭友好型组织。我们特意给员工放假生孩子，也为她们在这里生育提供便利。例如，浴室旁边有一间更衣室。为了让这里具有温馨的家庭氛围，我做了很多努力。"

她继续发言，引用了一些女性受到不平等对待的经济数据，让我知道她深刻地理解了我的宏大议题。这让我想与她继续建立连接。

"我明白，你全心全意地支持在这里工作的女性和家庭。你也提到你所关注的许多事情，包括女性和薪酬等更大的议题。"我对她进行了反馈。

"是啊！这是很重要的！"她大声说。

"我同意。好，那我们继续吧。"

"没问题。好吧，我会重新考虑你的福利待遇。"曼迪继续说，"我们有两周的假期，还有全面覆盖的医疗保健计划。我们有很好的牙科和视力保健。这些都是非常棒的。在节日期间，我们有一个星期的带薪假，人们喜欢……"

"等一下。"我打断了她，"我想有三个星期的假期。你能够接受吗？"

她摇了摇头，说："嗯，圣诞节我们确实会放假一个星期……这是真的。"

"你说不能有三个星期的假期，但是在圣诞节的时候，还可以休息一个星期。对吗？"我问。

"没错。"

我继续对她的话进行反馈，提出问题，告诉她我认为重要的事情。当我发现我们在一些期望上意见一致时，我也对她讲出来。在谈话过程中，我们休息了一下，我不知道结果会怎样，但我为我们之间的默契感到高兴。

休息之后，曼迪回来了，她提供的薪水比我原来预想的多5000 美元，而且每个星期的工作时间也缩短了。这种感觉真是太好了。让我感到自豪的是，在适当压力的推动下，我积极争取，和她进行了协商。我感觉到他们真的是在尽心尽力，我也是尽了最大的努力。当我要求 6 个月后再评估一次时，他们也给予了肯定的回答。

这样，我接受了这份工作。

曼迪成了我的总干事。后来，她把我拉到一边说："天啊，在应聘新工作时，我从来没有要求过薪水。而且，我想了想，在你之前，我面试过的所有女性中，没有一个人主动争取过更高的薪水。我完全尊重你的做法，作为女性，我也知道这非常重要。"

我惊呆了，试图接纳她的这种认可，但是听到她这样说，我心里不是滋味。这对我来说似乎很悲哀。

我的部门主管当时也在房间里，她也有同感："我也是如此。我这辈子从来没有争取过工资，也没有遇到其他女性跟我争取过工资。你的做法让我印象深刻！"

我很高兴在最初应聘的时候，说出了自己的想法，我的几个上司对此印象深刻。我坦率地提出自己的薪酬要求，也对曼迪关心的问题充分表达了自己的理解，这使我们能够很好地进行协商，最后让我受益匪浅。然而，我觉得在工作中使用同理心技能并不是万灵药，这一点很重要。我们的公益组织仍然处于资源不足，甚至运行失调的状态。尽管我经常尝试与总干事建立连接，但我与她的关系仍然充满了挑战。有时候，我会怀疑自己接受这个职位是不是一个正确的选择。

尽管如此，我还是希望更多的女性也能这样做，特别是在这些重要的对话中。争取权利并不一定是以牺牲连接为代价的，恰恰相反，建立连接和争取权利是携手并进的，知道这点也许能够使行动更容易。

——迪安娜·扎卡里，www.nvcsantacruz.org

与大多数人的看法相反，信任不是一种柔弱、虚无缥缈、无法强求的品质，而是一种务实、有形、可操作的资产，它完全可以被你创造出来。

——斯蒂芬·柯维

"敏捷"[1]的团队信任和内在安全感

"敏捷软件开发宣言"（Manifesto for Agile Software Development）是一套基于特定价值观的方法和实践理念，借助这个宣言，我能够指导团队进行更有效的协作。

该宣言第一个共有的价值观是：个体和互动比流程和手段更重要——尊重他人，建立团队的内在安全感，重视人际关系，鼓励面对面地对话，在设计解决方案上，给予团队自主权。我们注重协作，认为它是最有效的软件开发方式。

作为主持者，我每天都以工作简报开始项目计划会议。在这个会议上，每个人都要分享一些他们的个人生活，我对他们的分享表达同理心，并把听到的内容摘要反馈出来。这种日常例会有助于在团队中建立信任和相互尊重。从一开始就建立这种信任是至关重要的。这样，当某个团队需要帮助时，他们就相信我能代表他们。我可以介入，并迅速采取行动来支持他们

---

[1] 敏捷（Agile）是项目开发的一种理念。敏捷开发采用迭代、循序渐进的方法，在构建初期，将项目划分成多个子项目。各个子项目的成果都经过测试，具有可使用的特征。在开发的过程中，项目也处于可使用的状态。

的产品交付目标，以最好的服务让客户满意。

在某个多团队协作项目启动几个星期后，我听说一个叫弗兰克的经理打乱团队协作，显得盛气凌人。在遵循"敏捷宣言"的方法和原则时，我们会让团队努力交付他们在迭代（sprint）期间商定好的工作内容。在此期间，团队会获得时间、资源和短期协调会议的支持，以便完成具体的任务。但是，在迭代中期，弗兰克会安排长时间的会议来进行讨论。然而，在通常情况下，这样的会议是安排在迭代结束的时候。即使在我建议停止这些中期迭代会议之后，我还获悉他们仍在偷偷进行。

一天，曼弗雷德来到我的办公室，他告诉我前一天晚上团队协作被中期迭代会议打乱的事情。在描述弗兰克的行为时，他似乎仍然感到后怕。曼弗雷德叙述了弗兰克是如何盘问每个开发人员的，问他们手头任务的状态，当他们试图回答问题时，弗兰克不断打断他们。

弗兰克问某个开发人员："这个任务处于什么状态？完成了没有？"当开发人员开始解释时，弗兰克打断他说："请回答'是'还

非同理回应
示例

同情

"我也去过那儿。"
"我为你感到难过。"

是'不是'。"开发人员想重复他的解释，但再次被弗兰克打断。

曼弗雷德提到，在其他类似的开发汇报会议上，弗兰克问道："伙计，你的信息对我没用，我不想听。到底完成了没有？"

曼弗雷德非常沮丧。

我不知道该如何继续下去，后来，一个名叫莎莉的技术带头人来找我，她说："弗兰克是个恶霸！"

"哦，"我说，"你们害怕他，是因为说出来会不安全吗？"

"每个人都害怕！"她回答说，"没有人能为自己做解释。他甚至让我们在迭代中期生成报告，以此显示我们任务的状态。然后告诉我们如何工作。"

我很震惊，因为敏捷软件开发倡导互相尊重，并且注重效率。在迭代期间生成报告完全被认为是一种浪费。

"天啊，这么不尊重人，而且还这样浪费？"我问。

"是啊！弗兰克甚至说他有权力辞退我们。太糟糕了，连我们的经理都怕他。没有人给我们撑腰，我们真的需要你的帮助！"她叹了口气，不再讲话。

我目瞪口呆。对于公开威胁别人的经理，我并没有处理的经验。

最后，出于正义感和保护意识，我把这个问题上报给客户的高层管理团队。最终，人力资源部门介入，弗兰克被调到另外一个岗位。

在向团队进行每日汇报的时候，我练习了同理心，这是促进团队信任和内在安全感的催化剂，有助于团队内的相互尊重和协作。我们在上述做法的基础上，结合敏捷软件开发的其他原则，在两周一次的可交付成果提交过程中提高了工作效率，并让客户感到满意。

——匿名

来自导师的鄙视

完成博士研究后，我接受了凯斯西储大学的博士后奖学金。那时，我已经学会对生活和研究抱着轻松愉快的态度。我的研究假设是在研究生期间提出的。我对这个项目非常感兴趣。幸运的是，我将要与一位水平非常高的生物化学家合作，他也是一位优秀的研究者，我非常期待获得他的指导。

然而，在我们的初次谈话中，他对我非常失望，他说：

"你确定你拥有博士学位吗，赫马？你看起来不太聪明。"

我感到悲伤和恐惧，因为一直以来，大家不仅认为我是优秀的科学家，还是多产的研究人员。我的自我认同感突然岌岌可危。我觉得自己像个失败者，因为他是一位著名的科学家；在我看来，他说的都是事实。这是一次非常痛苦的经历。

我哭泣了三个小时，不断深呼吸，然后怀着同理心回到了他的办公室。"我能在你身边待一会儿，从而让自己振作起来吗？"我问。

我觉得他当时已经意识到了自己的行为，从那以后，他对我很好。

当时，让我感到特别有意义的是，我知道提醒自己要觉知呼吸。我明白，面对不稳定情绪的最好解药就是觉知呼吸。这是我成长过程中最激动人心和最重要的转折点之一。到研究结束时，我们已经一起发表了三篇论文。和他的继续交往对我来说意义重大。从那天起，对我来说，"PhD"就代表着"心情愉悦"。

在那次经历中，我花时间觉知呼吸，感受哭泣，让自己能够暂停下来，从这种全新的觉知和反应中受益，从而消除所有的偏见和限制。对我来说，这就是冥想的真实本质。

在那三个小时觉知呼吸的过程中，我开始意识到，如果讲话不具正念，不能倾听对方，就会带来痛苦。因此，我更加确信，要培养充满爱的言语，进行深沉的倾听，从而给他人带来欢乐和幸福，并尽可能地解除他们的痛苦。知道语言可以带来快乐，也可以带来痛苦之后，我就更加有意识地学习真诚地说话，去激发自信、快乐和希望。

——赫马·波卡纳，www.journe-ysoflife.org

在致力于解决问题、帮助别人排忧解难之前，我们首先要产生同理心，让别人有机会充分表达自己。

——马歇尔·卢森堡博士

在预算削减时维持团队

在许多大公司里，一些部门可以在内部"雇用"其他部门来完成相应的工作，也可以将工作外包出去。所有选择都取决于预算部门，它在团队协商合作时扮演中间人的角色，尽量避免雇用外部人员。

有一次，我与一位高级主管合作，就一个内部项目进行投标。他希望自己的团队获得这个项目。作为部门负责人，他一心想把工作留在公司内部，而不是外包出去。他也想展示自己团队的能力，从而让公司获得进一步发展。当然，这样他们也就可以继续保住工作。

他的团队似乎获得了那个项目，并且开始兴奋地进行项目计划。但是，最后他发现，由于预算被削减，该项目被否决了。他感到沮丧和失望，因为他正为整个团队的收入和即将进行的工作踌躇满志。他非常愤怒，认为这一决定背后存在着私人恩怨。

当他来找我进行咨询时，我倾听了他的故事。他能够非常轻易地放下自己对办公室政治的怨气，因为他清楚地知道，自己的首要任务其实很简单——预算。他能获得资金留住他团队的员工吗？

明确了这个重点后，他知道他需要一个有效的项目让自己的团队参与进去，这样他就不必解雇任何人。我们谈到了他让团队继续运行的目标，以及从公司的整体价值观来看，他为团队挺身而出的重要性。

在我们谈话的时候，他能够带着同理心与控制预算的人建立连接，去理解他们在宣布削减预算消息时内心的感受。他提到了预算部门面临的组织压力。此外，他至少在心理上与负责总体预算决策的人建立了连接。

后来，他提出了新的思路，并没有去关注事情的细枝末节。他突然想到了以前从未想过的两个策略。首先，他想接近预算决策者，带着同理心进行倾听，真正地去了解各种限制因素。其次，如果预算部门能够接受创造性的解决方案，他会考虑重新进行协商。

当他获得机会与预算负责人交谈时，他说："我知道你必须削减总体预算，因此需要对几个不同部门的预算进行削减。这是真的吗？"

"是的，没错。"

"所以你认为无法给我们提供所需的资金，对吧？"

"是的。"

"哦，好吧。我有一个全新的想法。它既有利于公司，又能维持我的团队。我们打算开发一个重要的项目，你愿意听吗？"

负责预算的同事似乎接受了这个提议，点了点头。

他说："我们公司承诺在促进公共服务上投入一定数额的资金。我心里有个项目，成本大概是 X，这也符合我们的价值观。"这差不多相当于他们团队预算中被削减的金额。

他接着介绍了一个与教育相关的非洲推广项目，该项目将致力于瓶装奶制品的卫生处理。他掌握了相关的数据以及可以救助的人数。他还用更多的统计数据展示了该项目如何符合公司的社会使命。

他最终与对方建立了连接，他的计划也得到了批准，并获得所需预算。整个团队也获得所需的资源，可以去做一些对他们来说非常有意义的事情，这比最初的项目更令人满意。此外，他也修复了与预算部门同事的关系。

他对这样的结果非常满意。他说，如果他没有消除自己的怨恨，重新关注自己的核心需要（主要是人际关系和相互协作），事情就不会进展得这么顺利。

——戴安·基利安，www.workcollaboratively.com

觉知到自己的感受和需要，就会放下攻击的欲望。

——马歇尔·卢森堡博士

临终的病人

20 世纪 80 年代末，我在一家大型医院的临终关怀病房做护士。这家医院位于温哥华的某个区，那里的同性恋很多。当时，有许多男同性恋死于艾滋病，对整个社区来说，这是令人痛苦的事情。我当时正在照顾一位艾滋病患者，他是一位不久于人世的年轻男性。我发现，只要我愿意用心倾听，就可以带来简单而深刻的改变。

这位男子 30 来岁，可能活不了几天了。当他躺在床上休息时，他的弟弟——大概不到 25 岁——正站在床的另一边注视着我所做的一切。

他说："你为什么不给他进行静脉注射？""你为什么不用管子给他喂食？"他似乎非常在乎我所做的每一件事，他嘴里说出的每一个字听起来都像是在指责我。

我本想为自己辩护，但就在那一刻，发生了一件神奇的事情。我只能把它称为一个充满恩典的时刻。

我不由自主地说："对你来说，这一定很痛苦。"

他的态度立刻软化了，神情也发生了变化，并开始哭起来。

我简直不敢相信，这句话竟然有这样的力量。它给我们相处的那一整天都带来了改变。对我来说，只要透过他的话语，倾听到他的心声，我就很容易抵达他的内心。我相信，那一刻也给他带来了很大的改变，他不再挑剔我的所作所为。我希望他能更轻松地面对自己的悲伤。

——安妮·沃尔顿，www.chooseconnection.com

记住，同理心不一定会导致以同情之心屈从于对方的要求，理解他人的感受并不意味着赞同他们。

——丹尼尔·戈尔曼

向学生道歉

我在一个体制外学校教授特殊的高中课程，这个项目旨在帮助缺课太多的学生在学业上回到正轨。我所教的孩子通常患有焦虑和抑郁症，因此，从这些少年身上，我学会了如何发展同理心和建立连接。

我记得有一次，两位女生对我有所不满。后来，我做了一件让她们感到不同寻常的事情——我向她们道歉，这让她们感到很震惊。

在开始的时候，我要求他们好好学习，在规定的时间内完成一项数学作业，我觉得我给她们的时间是足够的。我对她们说："完成今天的作业之后，你们就有一些空闲时间了。"

当我回去检查的时候，她们并没有完成作业，所以我就剥夺了她们的休息时间。她们很生气，认为我不可理喻。虽然我感到困惑，但还是决定和她们谈谈，了解她们的想法。

她们原本以为我只是不想让她们闲着，所以让她们在某段时间内保持学习的状态；她们并不觉得需要在规定的时间内完成作业。

我吸了一口气。看到学生们没有完成她们力所能及的任务，这是很令人沮丧的，我需要一点时间来处理沮丧的情绪。

我还是坚持不让她们去休息。但是因为她们没有搞清楚我的要求，我为此进行道歉。我说，我希望自己在课堂上已经讲清楚了，这样我们从一开始就能保持一致。

她们都没讲话。但是，当我承认她们对我的要求进行了不同的理解时，我注意到她们的肢体语言有所变化，变得更加柔和。

事后，我问："有没有大人或老师因为犯错对你们道歉过？"

"没有，从来没有。"她们回答。她们显然对我的道歉依然感到很惊讶。

我的道歉帮助我挽回了局面。虽然我与她们的观点不同，但是，我希望道歉能传达出我对她们需要和观点的重视。自从那次谈话之后，我就为所有的学生树立了榜样，使他们知道如何面对错误。

——凯文·戈耶，www.consciouscommunication.co

当下的一些事情会影响到决策者做出真正的决定，解读这些事情的技巧取决于组织层面的同理心能力，而不仅仅是人际层面的同理心能力。

——丹尼尔·戈尔曼

用同理心与老板坦诚相待

加伊拉看到太阳从水面升起。她希望自己能停下来欣赏神奇的日出，但是，此时她又焦躁又疲倦，内心深处还感到恐惧。

三个星期前，她辞职了。接着，她在一家养老机构开始了新的工作。在开始新工作的前几天，这家机构有三名员工辞职了，这使她的工作量倍增。虽然她因出色地完成工作而赢得了同事们的尊敬，但她已经筋疲力尽了。在混乱和疲惫中，她生病了。因此，她请了两天假进行休养。

重新回到养老机构的那天早晨，她一直忙个不停。加伊拉太累了，连下楼加热午餐的力气都没有了，她趴在桌子上。两分钟后，电话响了，是乌苏拉打来的，她是一名护工。

她用布鲁克林口音飞快地说："加伊拉，我希望你能够适应！我要去接我最小的孩子，她在学校吐了。亲爱的，你这个职位有一项任务就是当护工不在的时候，你要去做家庭访问。半小时后我们就有一次家庭访问，这需要你去。你在今天下午4点前抵达那里就可以了。我很抱歉把这个任务强加给你!"

唉,加伊拉觉得找这份工作是个错误。

当她坐在自助餐厅的时候,一位名叫塔尼莎的调度员过来和她聊天。听完乌苏拉在电话里说的话后,她气得脸色发青。"你根本就不该来这里。"她说,"我知道你想成为女超人,但你已经做了好几个星期的女超人了。去找其他部门的家庭助理,问问他们是否可以来做这次的家庭访问。"

加伊拉把目光移开,摇了摇头。塔尼莎软化了语气:"你不妨问问。姑娘,你的工作不是为公司牺牲自己的利益。"

当塔尼莎回到她的办公桌之后,加伊拉进行了一些思考。她想履行她的职责,但是力不从心。她担心自己的上司辞退她,让别人接替这份工作。这种担心有必要吗?她认为当前的首要任务是让客户获得所需的服务。由谁来提供服务并不重要。

出于这种逻辑,加伊拉找到了另一个部门的家庭助理胡安,看他能否帮忙去做家庭访问。

胡安回答说:"我希望能够帮助你,但是这次不行。很高兴你向我求助。我们都是凡夫,是吧?我哪天也可能生病。好吧，我去问问我认识的其他家庭助理，看看有没有人有空，好吗？"

胡安稍后发短信说："亲爱的，我找不到人。"

加伊拉很失望。她试图和当下的处境建立连接：邻镇的一位老人需要照顾。此类事情是她接受这份工作时做出的承诺。她毅然起身，穿上外套，向门外走去。

访问进行得很顺利。她如释重负地回到家，但是太累了，她连刷牙的力气都没有。她很快就钻进被窝。第二天早上，闹钟一响，她就醒了。

加伊拉和她的上司罗布见了面。他们的关系似乎不错。之前，罗布曾为自己分配给加伊拉的工作量道歉。罗布的工作时间也非常长，尽管他俩都很辛苦，但是在如此高强度的工作状态下，他们依然相处得很好。他为此很感恩。

在谈话结束时，罗布提到，他听说胡安在找人帮她完成工作："嗯，这份工作压力很大，有时候你不得不做一些不喜欢的事情。"

加伊拉觉得自己的身体发凉。她不由自主地点头说："是的。"

稍后，她坐在办公桌旁，一直在拨弄着自己的小发辫。他是不是觉得我很懒？加伊拉心想。在这一天的剩余时间内，她觉得除了"是的"之外，她可以有一百种其他的回答方式。

在接下来的那个星期，罗布又对她说了类似的话。这一次，加伊拉确信她需要解决这个问题。首先，她想做一些准备工作，她心里的话像一首蹩脚的流行歌曲在不断地盘旋。一天晚上，她拿出了自己的感受和需要卡片。她浏览了感受卡片，摆出与她相应的那些感受："焦虑""沮丧""麻木""愤怒"和"恐惧"。

在浏览需要卡片时，她把"信任"摆在中间。在这样的情形下，信任将会是什么样子的呢？加伊拉用手指捻着那张写着"信任"的卡片——当我提到我的工作量很大的时候，一个支持我的主管会对我表示尊重。当她这样想的时候，她的身体放松了。

然后她对罗布的感受进行了猜测：他可能会害怕或担心，也可能希望员工拥有工作能力并对他产生信任。她思考了造成目前这种状况的所有因素。

她经常目睹一种不健康的动态关系：尽管每个人都很劳累，但每天的紧张工作导致一些人将矛头指向那些工作时间更少的人，认为自己工作了 70 个小时，可是另一些人的工作时间只有 60 个小时。加伊拉告诉自己，问题主要是工作量太大，而人手不够。

在工作汇报会议上，加伊拉打算直接向主管表达自己的担忧。寒暄了几句后，她深吸了一口气，开始讲话："罗布，我们之间保持良好的工作关系对我来说真的很重要。我想谈谈我所关心的问题，你现在方便吗？"

"可以。"他回答说。

加伊拉继续说："我想全力做好我的工作，这需要整个团队的协助。我想确保在我感受不佳的时候，能够获得支持。由于我的工作涉及照顾体弱多病的老人，为了他们的安全，我需要有一个良好的状态。我不想给自己压力，让自己一个人完成所有的事情，以此证明自己做事有效率。"

罗布点了点头："我很高兴你能谈到这件事。可能是因为我的某些话，让你有这种感觉。我听说一个护工让你做某件事，你没有亲自去做，而是想办法让别人去做，这让我真的很难过。"他的身体很紧张，语气也没有之前那样柔和。

加伊拉想为自己辩护。她稍做停顿，觉知自己的呼吸，并且开始予以同理倾听："我猜当你获悉我让别人来帮忙，做我分内的工作时，你可能想知道我是否在积极支持你。你也可能在担心，想知道我是否能够靠得住。"

罗布的神情变了。他看起来不再那么生气，而且有点惊讶。加伊拉遵循自己的直觉，说完话后，沉默了几秒钟。

"最近的一个月对我们来说非常艰难。"她说，"我来办公室上班的时候，才知道自己病得很严重。事实上，那天中午，我几乎没有力气去加热食物。"

罗布露出痛苦的神情："真是对不起。我知道你生病了，但我没有如实地做出判断。"

"谢谢你。"加伊拉说，然后进一步安慰他，"我现在很好，我相信一切都会好起来的。"虽然加伊拉的处境更容易引起人们的关注。但加伊拉也想让罗布感觉到自己也能体谅他的感受。更重要的是，她也关心他。

"我知道我们俩都是在超负荷工作。你本来不需要在半夜或周末继续用电话谈工作，但因为人手不足，你还是要那样做。我知道你有孩子。我能想到这对你是一种压力，你也需要空余时间放松自己，照顾家人。我说得对吗？"

罗布点了点头。

"我知道我要让你信得过，这样你才可以做好自己的工作。但是因为人手不足，在完成自己工作的同时，你还要帮我做一些事情。这对我们俩都不公平。"

他点了点头："真的很累。"他一边说，一边低着头。

加伊拉继续说道："我以前在医疗机构工作过，我知道他们人手尤为不足。情况这样糟糕，并不是我们的错。"

他继续点头表示同意。

"我们都想把工作做好。让我们一起来面对它吧。"加伊拉说。

经过这样的对话，他们进一步释放了房间里的紧张气氛。接着，他们热烈地讨论了日程表上剩下的各项工作。加伊拉感到他们再次同舟共济，为解决问题一起努力。

谈话结束时，罗布说："我感到很抱歉。我们的工作真的很繁重，我希望你能获得支持。我会把工作做得更好，你需要什么就告诉我吧。"

加伊拉回答说："我知道你关心我，我真的很感激。"罗布点了点头，微笑着走开了。加伊拉知道，他们又重新建立起连接。

——菲尼克斯·索莱伊，www.phoenixsoleil.org

通过同理心建立连接具有很特殊的意义和目的。当然，同理心是一种独特的理解，它不仅仅是从心理上去理解别人说了些什么，还具有比这更深刻、更珍贵的内涵。

——马歇尔·卢森堡博士

社区中的同理心
关心陌生人和邻居

在某些情况下，当互不熟悉的人彼此建立起连接的时候，同理心的力量会以某种独特的形式活跃起来。如果说进化法则给我们设置了一套程序，让我们无法信任陌生人，无法信任与我们观点不同的人，那么同理心则提供了一种方式，让我们深入彼此的人性，为彼此腾出空间。

我听说过校园里恃强凌弱的学生可以和受害者成为朋友，小偷在事后能积极地对失主做出补偿，还有一些勇敢无畏的人用爱反抗宗教压迫，并且取得了成功。我听说过一位黑人女活动家使用同理心说服三K党领袖退出三K党，加入一个民权组织。我还听说过一些案例，因为人们对处于悲痛中的人表达同理心，从而避免了一触即发的暴力行为。

琼·哈利法克斯禅师说，同理心是与他人主观的身心体验产生共鸣，它是慈悲的前提。天主教神甫理查德·罗尔也认为，同理心是与其他众生的痛苦建立连接的能力，是"灵性不可分割的一部分"。

有人可能认为，同理心是一种鲜活的修习实践。同理心也可以是人们实现社会正义的工具，使我们能够表达出自己所关心的事情，不至于和他人产生疏离。还有人认为，具有同理心就是做一个关心他人尊严的正派人。

无论如何，我很乐意与你们分享一些故事，这些故事可能会激励你们，当你们在日常生活中遇到陌生人时，会与他们建立更多的连接。这些故事也显示了同理心如何化解冲突，战胜孤独，并在困境中与人建立连接。

如果我们能熟练地对自己产生同理心，通常会在短短几秒钟内体验到一种自然的能量释放，这让我们能够与他人同在。

——马歇尔·卢森堡博士

回家的旅程

当汽车缓缓穿过伦敦市中心时，我将目光从书中抬起，意识到在这个冬天的周日下午，我们已经两次经过标志性的哈罗德百货公司。它向外展开的窗户就像一排巨大的婴儿车，闪闪发光，为圣诞购物者们带来欢乐。是司机转错弯了吗？到处都停着公共汽车和小汽车，我已经在前往英国西部的回家路上花了三个小时，一想到还要耽搁很长时间，我的情绪就变得低落起来。

车厢里灯光昏暗，其他乘客肯定也跟我的想法一样，但只有一个人大声说了出来。一个低沉的、醉醺醺的声音从后座传来，我感到自己的大脑紧张得缩成一团，充满了焦虑和恼怒。这是一位需要迁怒于人的乘客，而操着浓重波兰口音的司机将成为他的目标。

不一会儿，车厢后面的那位乘客变得狂躁起来，威胁说要将这个似乎不知道路线的外国司机揍一顿。他的怒火能够燃烧到司机那里吗？我不确定，但他的每一句威胁都让我更加恐惧。如果他真的袭击了司机，对车上的所有乘客来说，后果都很严重。我再也不能专心阅读。我没有随身带耳机，无法营造一个与外界隔离的空间，我的恐惧和不悦情绪也随之增加了。

我不喜欢那个人使用的语言。就像一张 70 年代唱片上卡住了一根唱针，他不断重复相同的诅咒：傻 ×（cunt）。作为一个古老的英语单词，"cunt" 以前只是用来指代女性生殖器，但它也与地下水道（cundy）、知识（kenning，cunning）和权力（cunctipotence）有着词源上的关系。长期以来，我一直致力于重新找回这个被误用的词，找到它被遗忘的含义和文学用法（乔叟和莎士比亚都喜欢在双关语中使用它）。但是，我痛恨这个男人的无知和对女性的不尊重。

在我对面的座位上，一位年轻的女性摆动着双腿，环顾四周。我认为她的不适是由那个男人的行为造成的。由于车厢几乎坐满了人，我们别无选择，不能找到一个听不到诅咒声的地方。作为一位年长者，我想干预一下，让这位年轻的女士免受持续咒骂声带来的痛苦。但是面对恐惧，我的勇气显得微不足道。如果我说出来，会造成什么后果？他会用刻薄话骂我吗？

时钟凝固了，似乎不愿显示时间的流逝。在我的记忆中，我们前进的速度比以往任何时候都要慢，可能是因为圣诞节购物的人太多了。我在座位上动了动，不知道该怎么办。

我觉得自己的胸腔内似乎蜷缩着一只鸟。最后，我转过身，跪在座位上。我清了清有点不舒服的喉咙，尽可能地用非常友好的声音讲话。

"嘿，伙计。我能听出来，这次旅行花了这么长时间，你非常不开心。我们都被耽误了，这真的很糟糕。"

起初，他沉默不语，我怀疑他是否听到我讲话。最后，他抬起一张浮肿的脸，瞪大了眼睛。他那松弛的下巴显示出来的是敌意吗？我挤出一个勉为其难的微笑。

"是的。"他试探着说，"问题是那个该死的司机不知道自己在做什么！"

我咽了咽口水，不去理会他重新升起的挑衅语气。

"你好像和我一样，对长途汽车晚点感到很恼火？"我的话似乎对他没有起到任何效果。

他咕哝着表示同意。接着又说："我想去看我的小孩子，但这个傻 × 外国人在耽误时间！"

我嘘了一口粗气，我不知道他能否听到。但不知为什么，这口气给了我继续讲话的勇气。

"哦，我能理解，今晚回家看孩子对你很重要。难怪你这么难过！"

他的脸亮了起来，然后显出一种疑惑的表情。"你是做什么的？"他问道。

"我是以什么为生的呢？"我稍做停顿，思考了一下。我该如何回答？尽管我是一名职业作家和艺术家，但我以各种自己觉得有意义的方式谋生，这为我的创作实践提供了灵活性和自由。但是我怕他无法理解。我需要给出与他相关的回答。

"和小孩有关的工作。"我试探着说，"我带着他们到树林去，教他们了解自然，教他们生存技能，诸如此类的事情。"

"很好。"他回答说，用一只满是文身的手轻拍着面前的座椅靠背。

"谢谢。"我说，"我很享受我的工作。"

他的神情有所变化，我注意到一丝悲伤。

"我和孩子们见面的机会很少……这就是这个傻 × 惹我生气的原因！"

我点了点头。"你一定非常难过。你原本就不能经常去看望孩子，这次又被耽误了，难怪你会感到沮丧！"

他点了点头，咧开嘴笑了，露出一口烂牙。我看得出他很感激我对他给予的同理心。但他的诅咒、对外国人的仇视和对女性的不尊重令人不安。我再次想要保护附近的那位年轻女子。我必须做一次尝试，我内心的小鸟扑棱着翅膀，想要获得自由。

"你听我讲，"我用最友好的语气说，"我知道当前的情况让你很生气，但是，我们都无能为力。我要告诉你的是，每次你说'傻×'的时候，我都很难过，因为这似乎是在侮辱女性身体上最宝贵的部分。你旁边有一个年轻女孩。"我补充道，指着那位女士的方向，"车上还有其他女性，我敢肯定，你这样讲话，大家都不会高兴。你能不能不要使用这个词？"

起初，他盯着我，明显耷拉着嘴。接着，他低下头，露出头顶稀疏的毛发，我听到了他含含糊糊的道歉。随后，他安静了下来，我带着初步获取的胜利，回到座位上。我们再也没有讲话。我终于能够如释重负地拿起我的书。

当我再次向窗外望去时，汽车正穿过一座立交桥，这座立交桥从伦敦城西的房屋和商店上方穿过。看来司机重新规划的路线起到了效果。

半小时后，长途汽车在希思罗机场做了第一次停靠。然后它在高速公路上继续轰鸣着飞快奔驰，不时地在村庄和城镇边停靠，让乘客下车。当汽车快要抵达第五站时，我意识到后面有动静。那位男士准备下车了。车内的灯亮了，我抬起头说再见。

"对不起，我刚才太粗鲁了。"他粗声粗气地说，"谢谢你对我的提醒，你让我有所思考！"

我有些惊讶，回答说："嗯，谢谢！好好陪陪孩子们吧！"

我目送他沿着过道向前走，他满是文身的手指紧紧地抓着椅背来稳住自己。当他前进的时候，许多乘客都盯着他看。他终于走下了台阶，我感到大家都松了一口气，那个惹是生非的人终于走了。我们目送着这个身材矮小、结实、穿着饰钉皮夹克的男人从行李舱里拉出他的包，并向那位正在帮一位老妇人提箱子的司机点了点头。

当我的目光回到车厢内时，我开始注意到人们的脸，他们微笑着对我点头表示感激。一位衣着讲究的老先生走过来和我握手。

"非常感谢，你做得太棒了！"

我微笑着接受了他的称赞。我知道这一切得归功于我参加的非暴力沟通培训课程。虽然我们经常演练各种各样的场景——就像一群业余演员不断地即兴表演，反复修改台词一样，但没有什么场景能像现实生活那样，让我们确信自己已经掌握了一项技能。

——海伦·摩尔，www.natures-wor-ds.co.uk

同理心的关键成分是感同身受：我们与对方完全同在，与他的经历完全同在。这种与他人同在的特质是同理心与同情心的不同之处。

——马歇尔·卢森堡博士

和出租车司机的偶遇

那时，我住在曼哈顿。一天，我把我的旅行车借给了一个朋友，她住进了新公寓，需要用它搬家。我们约定好她在那天傍晚归还。但是，我等了又等，等了又等。她没有给我打电话，也没有还车。我在沙发上睡着了，仍然在等她还车。

大约凌晨两点半，我被一个电话吵醒。"汤姆，我刚搬完家，今晚太累，没办法还车了。"

"你把它放在哪儿了？"
我问。

她告诉我，车停在某条街
道上，它位于城里某个不安全
的地区，我的高尔夫球杆就大

> 非同理回应
> 示例
> ### 讲故事
> "我的老板比那更糟糕。"
> "有一次……"
> "当我处于这种状况时……"

咧咧地放在车后面。我花了十分钟时间，认真地同理倾听自己
（这是另一个故事），然后，出门去拯救我的汽车和我心爱的
球杆。

我跌跌撞撞地走进黑夜，好不容易才找到了一辆出租车。
上车之后，司机载着我开上曼哈顿岛环线，沿着西侧高速公路
行驶。当汽车沿着哈德逊河行驶时，我们经过了无畏号航空母
舰，这是一艘退役的战舰，现在成为一座漂浮的博物馆。

在后座上，我只能从后视镜的反射中看到出租车司机的
眼睛。

"最后一次看到这艘战舰的时候，我还驻守在越南。"他说。

我们通过后视镜进行眼神交流。

"对你来说，它一定有很大的意义。"

"是的。"

随后，是一片寂静。我们继续用眼神默默地进行交流。过了一会儿，他又说话了。

"当我们回来的时候，每个人都憎恨我们。"

我们静静地坐着，车轮有节奏地撞击着道路连接处，听起来像一颗跳动的心脏。我们坐在那里，为他的痛苦腾出空间，为他的各种需要腾出空间——他需要别人的凝视、欣赏和关爱。我看着他的眼睛，痛苦慢慢渗入他偶尔的一瞥之中。

"我想，那段经历一定很痛苦，你们冒了那样的生命危险，"我说，"我敢打赌，哪怕能得到他人些许的感激，也会带来很大的不同。"

"是的……是的，正是如此。"

在后视镜里，我仍然只能看到他的双眼。我看到他的双眼慢慢噙满泪水。我们一句话也没说，汽车继续前行，穿过空荡荡的街道，驶往目的地。

几分钟后，我们到达目的地。我把手伸进小玻璃门，付了钱……我心里感到和他建立了深深的连接，但我只是说了一句

"谢谢"，就推开门，迈步前行。我听到身后传来车门打开的声音。我转过身来，看到了我的这位司机新朋友，他伸出一只手，双眼透露出完全释然的神情，向我走来。"谢谢你。"我们握手告别。

——汤姆·邦德，www.compassion-course.org

倾听就是温柔地靠近他人，愿意为他所说的话而改变。

——马克·尼波

路边的相遇

我开车上路，把两张卡片放在副驾驶座位上。前一天我去拜访了我的好朋友，重温了我们十年来的共同经历。我也见到了她的家人——温文尔雅的丈夫，两个我看着长大的女儿，她们现在已经处于青春期，还有哈里森。哈里森是他们的长子，也是他们痛苦和爱的源泉。

正是哈里森，促使我给朋友和她最小的女儿寄卡片。

对他们来说，这是一段艰难的时光。前一天我们谈话时，从朋友的声音里，我听到了疲惫，她向我袒露心声的时候，我看到她的双眼湿润了。

"哈里森现在非常可怕。他甚至都不跟我说话。他对我用他的钱帮艾琳做心理咨询很生气。"朋友的表情在传达一种愤怒的情绪，因为哈里森，艾琳才需要进行心理咨询。

在三个孩子中，我对艾琳特别上心，我绝对不会放弃她。我身旁的一张贺卡就是送给她的，我邀请她郊游，并写上过去探险的回忆。

我把车停在他们房子外面泥泞的路边，把信封塞进了他家的邮箱。然后，我注意到身后传来了汽车的声音。我示意司机我马上就离开，但显然我的手势让他感到困惑。他似乎不想超车，所以把车开到我对面的车道上掉头。当车停下来时，我看到一个年轻人从副驾驶座位上走出来，向车内挥手告别。他转过身来，我发现他是哈里森。

他已经到了上大学的年纪，但是，我仍然觉得他只能过半独立的生活。我挥了挥手，坐回到驾驶座上，这时他歪歪扭扭地走到我跟前。

我放下车窗，让新鲜空气进来，心里想：这是个讽刺的相遇——我面前这个人的行为影响到我要送卡片的那两个人。

他向我走过来，我立刻被他那闪亮的淡褐色眼睛吸引了。他的眼睛眯了起来，露出真诚的笑容。蓬乱的棕色头发在头顶飘来飘去。

"你好。"我说。

他讲了一些有关大学的事情和他获得的骄人成绩。如果今年继续保持下去，他将获得相当于三个 A 的优秀成绩。如果他愿意的话，还可以攻读学位。

他的母亲在前一天告诉我，这一转变非常突然——但是大家都很开心——哈里森在几周前宣布他可能会去上大学。他的父母没有提出任何期望，因为他们希望他开心就好，但要保证自己和其他人的安全。

我们默契地陷入沉默。

"其他事情怎么样？"我问，邀请他与我建立连接。

他的嘴唇抿成一条线，深色的双眼非常锐利。他在斟酌如何回答。

"嗯，现在我和妈妈的关系不太好。"他的声音悲伤而疲惫。

"嗯。"我说，我希望通过语气让他知道，他如果不想多讲也没问题。

"只是，嗯……我不知道你是否知道，但我因为有自闭症，所以获得了一些钱。"

我点了点头。

"嗯，我问妈妈是否可以把钱给我，她说这钱要用来支付艾琳的心理咨询费。我觉得这不公平。我的意思是，我不反对让艾琳接受心理咨询，但不能使用我的钱。但是，我觉得应该用其他的钱……这些钱是我的。"

"你想自己决定怎么使用这些钱?"

他点了点头。"是啊……我的意思是，我问妈妈我的钱去哪儿了，她说要用作公共支出。我觉得这种做法太自私了。我认为公共支出应该用她挣的钱，而不是用我的钱。"

他的偏激价值观以及随意漠视父母对他16年的养育让我感到惊讶。

我聆听着。他继续讲下去。

"我的意思是，妈妈宁可去参加培训课程，也不愿意去找一份工作。但是，既然她要生孩子，就应该去挣钱养孩子。"

这是我首次听到他对妈妈参加培训课程的看法，比我想象的更激烈。我知道朋友从事的职业引发了一些争论，但我不知道其中涉及经济因素。

"爸爸也不想让她这么做。"我发现他脸色阴沉，"我甚至不想看到她。我总是想到她打了爸爸一耳光的那个场景，当时她还对爸爸说：'我恨你。'爸爸开车离开了家，直到很晚才回来。"

他脸上露出恐惧和受伤的神情："我为爸爸感到难过。"

我保持与他的目光接触，点点头。我想知道他是否对其他人说过这句话。但在那一刻，我也知道，他是否告诉别人其实并不重要。

对话到此，我试图基于我所获得的理解进行猜测。

"我想你妈妈不满足于教区牧师，而是想获得特遣牧师之类的职位？"我问他。

他停顿了一下："是的……没错。"

猜对了。

"你还担心吗？"我问。

"嗯……"

我又点了点头，表情严肃。

我接着吸了一口气，停了下来。我们彼此苦笑了一下。

"你认为你可以跟妈妈谈谈吗？"我问。

"我不知道应该和她讲什么。"

他的语气很克制，不想让自己愤怒，但也不想接纳。他似乎安于现状。他想继续保持和母亲的疏离状态，因为他认为这是最好的选择，这样他才能真正管理好自己的状态。

这样解释我觉得有道理。

然后轮到他问我了。

"你觉得你将来会生孩子吗？"他问。

25 年来，不生孩子带来的恐惧冲上了我的喉咙，让我欲言又止。我停了下来，不知道怎么让谈话进行下去。

我原本可以忍住所有的悲伤，大笑，然后转移话题。

但在此时此地，我似乎无法获得平衡。我要像他那样坦率，尊重他的信任。我不知道他是否能够面对我的诚实。这是否会使他感到尴尬？这会不会让他失去他目前觉得心安理得的状态？

他平静地等待着，我决定冒险一试。

"嗯，这可是个大问题。"

他温柔地笑了笑，我受到鼓励，接着说："多年来，我一直在这个问题上反反复复。有一阵子我以为我不能……在我们结婚以后，事情就复杂了……"

我打开了思绪的闸门，想到了我的七个侄女和唯一的侄子，在这个家庭里，女孩是经济负担，男孩是家庭的保障。我又把这扇门关上了，今天说得太多了。在主流文化里，我丈夫的家庭属于少数族裔，他无法挣脱家庭的枷锁。当我的侄女们到了结婚的年纪，她们嫁入的家庭可能仍然是父权制。

"我们刚结婚的时候，我就在计划是否生孩子，但后来发生了其他事情。"我想到在国外生孩子的困境——我新找到一份工作，因为我工作不满两年，所以没有产假，还有令我无法适应的生物钟。

"我想，现在我担心我们有点老了。"这也是实话。当他棕色的眼睛注视着我的时候，这也给了我一股支持的力量。

"我的意思是，如果明天我们有了孩子，到他像你这么大的时候，再考虑上大学，我们都快 70 岁了。我不知道这对他是否公平。"

他看着我，头侧向一边，温暖而平静。他有点惊讶，但却觉察到我对他的信任。

"我也不确定。"他说，"我想你是完全能够适应的。"

现在轮到我对他微笑了："真的吗？你觉得我们能行吗？"

"是的，我不知道。不知为什么，我一直认为你能做到。"

他又停顿了一下，接着说："你给我注入了积极的能量。"

我心里又开启了一扇门，它把我带到了别的地方。

我既感动又惊讶。10分钟前，我在回家的路上停下来，往信箱里塞了几张卡片，这一切都是我今日的既定安排。

现在，发生了另一件事。哈里森在午后向我敞开了心扉，也让我向他敞开了心扉。

我朝他微笑。

"谢谢你，哈里森。"

他把身体的重心换到另一条腿上。是时候该告别了，他已经准备好去干别的事情了。

我不记得我们是怎么说再见的。

我记得他转身走到前门，在口袋里摸钥匙。我也记得我看着他，短暂地想起了寄给哈里森妈妈和妹妹的卡片。然后我瞥了一眼后视镜，驶离路边。

我知道我们已经连接在一起。我想知道，在接下来的日子里，我能继续保持连接的能量吗？

——劳拉·哈维，www.sharedspa-ce.org.uk

人们倾听的目的只有一个：帮助对方清空内心。

——一行禅师

入境检查站

2015 年，美国南部边境的局势非常紧张。成千上万的人逃离中美洲，这已成为一场历史性的人道主义危机。他们试图越境进入美国，希望获得安全、自由和经济福利。那年二月，我们全家去洪都拉斯度假。回到美国后，我们像往常一样排队通过美国入境和通关处。轮到我们的时候，我和丈夫走近海关官员，我们 8 岁的女儿疲惫不堪地跟在后面。

我们和海关官员问了一声好，并递上了三本美国护照。海关官员照例问我们："你们从哪里来？"

"洪都拉斯。"我和丈夫异口同声地说。

"家庭旅行。"我抢先回答了他的下一个例行问题。

海关官员抬头看着我,我报以一个敷衍的微笑。他又看了看我丈夫,我注意到他双眼周围的肌肉微微收缩。

这时,女儿已经溜达到柜台跟前,和我们站在一起,睡眼惺忪,手里抱着她心爱的黑白相间的毛茸小猫咪。

海关官员深吸了一口气,往后一靠,挺直身子,个子显得更高了。他毫无笑容地问道:"她是你们的女儿吗?"

我的脑海掠过了不安的念头。既然你已经拿着她的护照,可以看到她的照片和姓名——还有什么问题呢?你觉得如果我们真的有什么阴谋,会从正式通道进来吗?你到底想干什么?

我突然意识到我们家的三个人并不"匹配"。我们三个人的肤色各不相同——桃色、酱色、棕色。我的丈夫似乎很容易被他们归为怀疑的对象。在机场时,他经常被拉到一边接受搜身和额外的检查。即使回到家里,在圣何塞的社区骑自行车时,他也曾两次被警察拦下——我称之为"悲伤的棕色之旅"。我已经开始预料到会出现麻烦。

不过,这一次似乎不是针对他的。对我昏昏欲睡的小宝贝，作为母亲，我生起了一股强烈而温柔的保护欲，我回答说："是的，她是我们的女儿。"

海关官员的目光从我的脸上扫到我丈夫的脸上，又扫了回来。他慢慢地问道："她是危地马拉人吗？"

我告诉自己，我们没必要担心，我们有所有的合法文件——但我的声音很轻柔。

"她出生在危地马拉。"

海关官员的眼睛眯起来："我见过很多危地马拉的孩子。我知道他们的容貌特征。"

"她是我们领养的孩子。"

他接着说："我曾经在得克萨斯州的边境巡逻。"

我明白了。我注视着他，恐惧也消失了。

"哇。"我说，"那一定是非常艰难的工作。"

"是的。"他忧伤地说，双眼看着地面。

"我每天都看到人们想办法逃离绝望的环境，宁愿把一切都抛在身后，真是无法想象那多令人心碎。"

他又轻声地说："我不得不遣返很多家庭。这是我所做过的最痛苦的事情。"

我们彼此凝视，同时吸了一口气，回味着这场短短对话包含的沉重。他随即在我们的护照上盖好章，说："欢迎回到美国。"

————安·奥斯本

他人的行为可能是引发我们感受的一个诱因，但不是原因。

————马歇尔·卢森堡博士

愤怒的邻居

我走出家门，看见两个男人在吵架。其中一位看起来很沮丧，他尖叫着，假装要去踢对方的灰色汽车。那位车主双手拿着箱子，威胁说要报警。

因为身在现场，我对他们的暴力行为感到有点焦虑，甚至担心自身的安全。那位车主非常沮丧，我能感觉到他的不知所措。另一位仍在咆哮，朝那辆灰色的汽车吐口水。但我知道，他对我并不构成真正的威胁。他只是生气。

　　我径直走向那个正在咆哮的男人，大声说："你看起来很生气！"

　　他的注意力从那辆灰色的汽车和车主转移到我身上，然后大声地告诉我，对方开车驶入水洼时，把他的裤子都溅湿了。

　　我对他说："那一定很令人沮丧！"

　　他开始从那个人身旁走向我，告诉我这是多么令人恼火。他说话的时候，我注意到他开始降低了声音。

　　车主如释重负地看了看我，然后回去弄他的箱子。他很高兴，因为不用再被一个生气的陌生人纠缠了。

　　对于这个生气的男人，我只是看着他的眼睛，倾听他的痛苦。然后，我们一起慢慢走开。在他说话的时候，我了解到他很穷，刚刚付费洗好裤子，再也没钱去自助洗衣店重新洗一次。当我倾听他的时候，他完全平静了下来。他到家的时候，和我告别，祝我有美好的一天。

　　虽然过程并不容易，但我很庆幸自己停下来帮助了这两个人。如果让警察介入，或者开罚单，上法庭，甚至通过愤怒或肢体暴力进行处理，情况可能会失控。我很高兴他们的冲突没有转变成痛苦的恶性循环。

——曼努埃拉·圣地亚哥-泰格勒

真正的同理心一定不带有评估和诊断的色彩，因此会给接受者带来意想不到的抚慰效果："如果我没有被人评判，或许我并不像自己想的那样邪恶或反常。"

——卡尔·罗杰斯

激烈而不同的意见

马歇尔·卢森堡博士在世的时候，我曾经以实习生的身份参加了他主持的非暴力沟通密集研讨会。非暴力沟通推崇分享权力，鼓励自主选择。因此，我们的研讨会没有采取常规模式，不将主持者视为每个人都需要服从的专家。在研讨会上，我们明确规定，在场的每个人都有责任创建学习环境，维护彼此的安全感，并表达自己的需要。

在团队学习初期，我们非常小心谨慎。慢慢地，我们逐渐感到轻松自在，并且进入更深的团体学习状态。这样，自我表露、畅所欲言和不加防备的情绪才真正浮现出来。进入更深入的阶段后，有一天发生了一场紧张的对话。在此过程中，我见证了同理心的改变力量。如果我们没有运用同理心，即使满屋子的人聚在一起学习慈悲，当权力和身份发挥它们的作用时，这样的对话就会遭到破坏，这是我们经常可以看到的现象。

那天早上开始的时候，一位美国原住民女性介绍了她所在的家庭和社区，讲述了在那里发生的混乱和令人心碎的故事。她讲话的情绪越来越强烈，并用生动的细节描述了自己伤心的经历。这已经不是她第一次以这种方式和大家分享了。自从我们聚在一起，她就不断地和我们分享自己的痛苦经历，这些分享占用了团体的很多时间。人们试图向她表达同理心，但不清楚这是否能引起她的共鸣或对她产生任何影响。

整个房间充满了压力。我想大家都知道有两种选择：抑制不满，继续安静地倾听，或者将不满大声地表达出来。

这位女士足足花了10分钟才讲完一个故事。这时，人群中突然站起来一个牧师，他跺着脚说：“你可以闭嘴吗？”

大家都惊呆了，一声不吭。但我也获得了一种解脱感。牧师继续讲了几句，那位女士也惊呆了，不再讲话。马歇尔坐在那里，目睹着这一切。

接着，另一位女士站起来对那位牧师说："你怎么能这样攻击她、羞辱她？她不过是想获得帮助而已。这是我见过的最不体贴、最粗野的行为。你怎么能这样做？"

她很生气地责备牧师，而牧师则静静地站在那里。

另一个想主持正义的年轻男士站出来说："好吧，我们让牧师先来说说吧，很明显他有强烈的情绪。让我们听听他的看法。不要阻止他说话，不要这样。"

我环视着房间，已经有四个人站起来了——最初说话的女士、牧师、第二位女士和那个年轻人。房间里其他许多人也都举起了手。这场交流看起来很快就会变得一团糟。

此时，马歇尔介入了。他做了三件事。他让年轻人暂停一下，说他知道所有人都想发言，也注意到房间里正在形成的紧张气氛。

马歇尔问那个年轻人是不是还想说几句。他对这位年轻人做了同理猜测："你是不是感到深深的不满，甚至有些绝望，因此站出来说话。因为你希望获得大家的认可，希望大家充分地表达自己，被人真正地倾听，对不对？"

年轻人说："是的！这就是我想要的，谢谢。"

马歇尔回答说："我给你提供其他的可能性。你感兴趣吗？"

年轻人点了点头，马歇尔说："你能不能猜测一下，在你面前说话的这位女士有什么需要，她为什么要说话，她声音里的能量从何而来？也许你能猜出她的感受和需要？"

年轻人又点了点头，说："哦，好吧。是的，我愿意尝试一下。"

年轻人看着第二位女士，问了几个问题：在牧师站起来的时候她是不是感到害怕，并想到自己的家庭？她站起来是不是想表明自己的立场？这样做是不是需要很大的勇气？

在这位年轻人讲话的时候，我们看到那位女士立刻平静下来，明显地放松了。年轻人继续问这位女士：是不是想保护第一位女士，从而获得安全感、尊严，以体现对所有人的包容？

她点了点头，眼里开始涌出泪水。

所有人都静静地看着。她认可了年轻人的猜测，并开始整理自己的情绪。几分钟后，她吸了口气，转向牧师。

她说："我想告诉你，对不起，我不该对你吼叫。我现在能了解到，你可能感到恼怒，因为你希望每个人都有时间参与讨论。你希望获得深度的接纳和理解，希望所有人都有机会表达自己。是不是？"

牧师坐在那里，放松下来，并开始说话。他谈到自己的工作环境，每天遭遇到痛苦受伤的人。他带着悲伤的心情参加研讨会，他说再也不想听到别人倾诉更多的痛苦。他需要放松和帮助。于是，整个团体花了更多的时间来了解他的心声。尽管我们只花了大约 15 分钟的时间倾听他，但是，他的悲伤开始转移。他觉得自己的需要获得了尊重。

这时，牧师转向那位美国原住民女士，向她道歉。他对自己可能给她造成的影响表示后悔。

她回答说："我很感动，但是，嗯，这并没有给我造成太多的困扰。我很感激你能站出来。"

整个房间里的气氛都变了，因为同理心已经贯穿到所有人的谈话之中。马歇尔用一滴同理心的甘露扭转了不断升级的愤怒、沮丧和指责。

——蒂莫西·里根，www.rememberingconnection.com

拥有爱的人选择相信人们最美好的一面，不去恶意揣测别人，拒绝用负面的假设来填补未知。

——斯蒂芬·肯德里克

囚犯的洞见

我在圣昆丁州立监狱给男犯人开设了一门课。在课堂上，他们讨论了某位狱友在监狱大院和别人发生的暴力冲突。这位男子说需要"捍卫自己"，才能获得尊重。

一位年长的犯人一边听一边点头，然后对同伴说："我可不会这样做。"

"好吧，那你会如何做？"另一位问道。

那位长者回答说："我会给他一点时间。"

我被他的话所吸引，插话说："哇，你说什么？'给他一点时间'是什么意思？"

"嗯，如果你看到某人行为反常，在惹是生非，这说明他的状态不正常。也就是说，你只需要后退一步，给他一点时间。"他说。

"哦。"我说,"这就是我所说的表达同理心。"

"你们在说什么?"其他几个人问。

对他们来说,同理心就是你要有所行动,或者说点什么。他们没有想到,不做任何事情也可以是一种表达同理心的方式。"你们似乎已经将这种方式付诸实践了,只是没有称之为同理心。"我对他们说,"当某个人受到刺激之后,通过观察他的肢体语言,你们就会发现,进行干预对他们不起作用。所以,给他们一些时间,让他们自行发展,不要去干预,不要试图去纠正,不去做其他任何事情……这就是同理心。给他们一点时间就是同理心。"

那天,他们了解到,同理心并不一定需要用语言来表达。这也提醒我,如果我们能够经常给别人一些时间,这个世界将会变得多么美好。

——梅尔·艾莱特, www.mairalight.com

如果你的慈悲不包括你自己,那它就是不完整的。

——杰克·康菲尔德

从自我憎恨到自我接纳

在一个为期四天的疗愈研讨会上，有位学员付费参加了个人强化课程，她将获得整个团队的支持。我主动提出用手机拍摄下来，这样她就不用担心记笔记的事情了。我真的很高兴能以这样的方式协助她，因为她的课程涉及深度参与，至少要持续一个小时。我想，有一份视频记录供她以后参考，一定会使她很开心。

课程结束后，我感到很满意，因为我为她捕捉了很多有价值的内容。我看着手机屏幕，看到了"完成"这个单词。于是我按下了那个红色的小按钮——它迅速将整个视频删掉了。

我不相信视频已经被删除了，于是找来一个懂技术的朋友，问道："我做了什么样的错误操作呢？"

她回答说："嗯，里面没有任何视频记录。"

"不，不不！"我说道，"你肯定搞错了，肯定在什么地方有备份。我怎么可能进行这样的操作呢！"她再检查了一遍，重复道："很抱歉，里面没有视频记录。"

我很震惊，感到胃都抽筋了，胸口也痉挛了，一种沉重的羞愧感涌上心头，就像一罐油漆倒在我的头上。

一个熟悉的想法不由自主地出现了：你怎么能这么做？你知道自己不擅长干这个。你怎么能让这种事发生？你为什么不让别人帮你呢？这些自责的话一直就这样持续下去。当意识到视频已经被删除时，我不由自主地哭了起来。

另一个名为玛丽亚的学员看到我掉眼泪，问我是否需要帮助。我仍然处在震惊和否认的状态中，并且还掺杂着悲伤和羞愧。她说话的声音很平静，这有助于我觉知呼吸。

"你是不是有点不知所措？"

"是的，没错。"我回答，"我的喉咙很紧，身体在发抖。"

"害怕？"

"有点！我感到害怕，因为我不敢相信我竟然进行了那种操作，我把整个事情都搞砸了。"

我的朋友为这次课程付了一大笔钱。整个过程非常复杂，参加这种课程的学员都需要记笔记。否则，一些重要的细节就会像梦境一样，在课程结束后，什么都不记得。

玛丽亚问："你其实是想帮她的忙？"

"是的！"这是很明显的。我感到沮丧，感到羞愧！我一直在哭泣！

尽管我情绪不好，有她陪伴着我，总比一个人坐在那里自责好，但我的羞耻感继续加剧。玛丽亚一直坐着倾听，有时还会问一些问题。我还想做什么？我还需要什么？哦，心乱如麻。我想拥有过硬的技术能力，想要帮助他人，希望自己有信心将来能把事情做好。

内在的负面声音喧嚣不已：你根本没有能力做这类的事情，你无法被人信任。孩童时代的所有责备和自我羞辱都在那里发酵。但我的身体放松了一些。

然后，我注意到我的朋友正坐在那里。我把她的事情办砸了，但是，她还不知道发生了什么。我意识到我必须马上向她坦白。

我扶着她旁边的一把椅子，哭个不停，说："哦，天啊，我真不敢相信我刚才做了什么。为你录制这段视频对我来说太重要了，但是我搞砸了。什么也没录到。我明明录好了，我真的很抱歉。"

我几乎说不出话来，一直在哭泣。她用充满爱意的眼神看着我。

"哦，好吧。"她说，"事情发生了就发生了吧。"

我简直不敢相信。她不知道我做了一件多么可怕的事。她不明白我把事情搞得有多糟。她是那么有爱心，那么……毫不在乎！我惊呆了。

她说："实际上，你这么在乎这件事，觉得它是如此重要，这让我很感动。"

我们又聊了一会儿，拥抱了一下。稍后，当我的情绪恢复正常之后，我注意到一些非常不可思议的事情。先前的羞耻感——只有部分与这件事有关——已经渐渐消散。我不断地打开自己内心的壁橱，希望能找到那些鬼魂和骷髅……但是它们都走了。几个星期不到，什么都没有。那些自责都不见了。对我来说，获得朋友的同理心就像在热带海滩的遮阳伞下，躺在躺椅上，倾听海浪轻柔的声音。

——凯瑟琳·瑞沃，www.riche-rliving.org

无听之以耳，而听之以心；无听之以心，而听之以气。

——庄子

遇见霍尼

我刚刚在新英格兰的一个小镇上接受了一份医生的工作。随后不久，我开始认真了解病人的情况，一位名叫罗伯塔的女士来找我。她说她睡不好觉。于是，我对她进行常规的评估，她告诉我她的伴侣霍尼两年前去世了。这个星期正值霍尼的忌日。

"哦，天啊，你两年前失去了伴侣？现在是他的忌日？"

"没错。"

"哦，那一定很痛苦！"

"是的！"她回答道，"我们在一起已经有15年了。我们的关系非常好。"

"是啊，所以你们感情很深厚，是吧？"

"我和他真的是情深意厚。我很幸运地遇到了霍尼。"她开始哭泣，"我很难想象在我的生命中还会出现像霍尼一样的爱人。"

"这对你来说一定很痛苦吧！"我说道，"我知道你真的很想她。你不知道自己是否还能再次获得那样深厚的爱。"

"没错。"她叹了口气，双肩沉了下来。

我们默默地坐在一起，过了很长一段时间，她又谈到了她的睡眠问题。

"入睡真的很困难。晚上是最难熬的。"

"嗯，霍尼离开后，你无法入睡。"

"是的。"

"是的，我已经明白了你的意思。"我说，"霍尼去世似乎已经对你造成了全面的影响。"

"是的。"她表示认同。

"好。那么，让我问你一个问题。其他人给你提供了什么样的帮助吗？"我问。

"是的，从某种意义上讲，我获得了很多人的帮助。实际上，我非常幸运。有几个朋友真的想帮助我，但我尽量不给他们增加负担。我能不疲倦吗？我身心俱疲，他们对此无能为力。"

"我明白了。你的朋友都善解人意，但是你也不能不切实际地指望他们。是这样的吗？"

"就是这样。"

"这个星期你被睡眠问题所困扰，所以你就来这里找我。"

"是的！"她回答道，"在过去两年里，我都睡不着觉。"

"是的，你已经提到过了。我想你说过，晚上对你而言，一直都很难熬。自从霍尼去世后，你还没有养成适合你的睡眠习惯。"

"是的。"

"好吧，我想知道，你知道自己的需要吗？你希望今天从我这里获得什么？"

这样，我们又回到了咨询模式，并讨论了一些有助于睡眠的措施。我们讨论了药物治疗以及其他可能的方法，以便改善她的睡眠质量。

罗伯塔临走前，衷心地感谢了我的帮助。

"哦，真好。"我回答说，"我很高兴，这次谈话让你有实际的受益。非常感谢你愿意和我分享心声。"

我们拥抱道别，彼此都很感动。

大约两天后，又来了一个新病人。这是我第一次见到朱迪丝。我坐下来想对她进行了解，想知道她为什么来找我。她告诉我她正处于极度的悲痛中。她的好朋友霍尼去世两年了，那天是她的忌日。她们都是艺术家，合作过许多的项目，也都是对方家里的老朋友。

朱迪丝说霍尼风趣、开朗、充满活力。她不知道如何处理心中的悲伤，也不知道如何帮助霍尼的伴侣。她自己的伴侣也一直是霍尼最好的朋友。她说霍尼过世后的几个月里，所有人都处于悲恸之中。所以我们花了很多时间与她的痛苦建立连接。她尽量不让自己的痛苦影响到家人。

一天以后，我遇到了简。简因为极度焦虑而来找我，她说自己最好的朋友霍尼两年前去世了。我意识到简就是朱迪丝提到的人之一。

我惊讶，坐在那里，听简讲述她和霍尼每天清晨一起在海滩散步，无所不谈的情景。她和霍尼一起谈论时装，分享笑话。简经历了一段特别艰难的日子，因为现在是霍尼去世两周年的纪念日，没有霍尼，她的生活完全不一样。

所以我在同一个星期里认识了罗伯塔、朱迪丝和简，因为她们都需要医生帮助治疗失眠、悲伤和焦虑。当然，我不能让她们知道我已经和她们所有人都谈过霍尼，或者知道她们有共同的痛苦经历。出于对隐私的尊重，我不能向任何人透露这件事。我分别通过她们认识了霍尼，这就足够了。这种经历真的非常美妙。在与这几位女性的接触中，了解她们和霍尼的故事，处理她们的症状过程中，我一直默默守护着她们的秘密，这也体现了同理心运作的美妙之处。

我还发现，三位女士都向我吐露她们心中隐秘的情绪，在某种程度上，她们都表达了对其他人的关爱，这是很不寻常的。她们向我—— 一个素未谋面的陌生人——敞开了心扉，告诉我到底发生了什么。但与此同时，她们彼此都似乎在思念各自深深渴望的东西。

因为那是个小镇，后来，我成为她们生活的一部分，她们不再只是把我当成一名医生。作为朋友，有一次，她们邀请我参加海滩派对。在派对上，三个人都清楚地意识到，她们在过去几天内都把霍尼的事告诉了我。

我想是简透露了这一点，她说自从在霍尼的忌日和我见面后，她感觉好多了。

罗伯塔很震惊，转向我说："我去看你的时候正好是霍尼的忌日！"

"你们都走开！我也一样！"朱迪丝插话说。

我最终承认了这一切："是的。因为霍尼的事情，你们都与我见面了。通过你们三个人，我也认识了霍尼，他是个很优秀的人。"

当我住在那里的时候，我们四个人建立了紧密的连接。她们甚至在不同的场合还会这样说："你很多地方真像霍尼！哇，你和霍尼惊人地相似。"

通过在世亲友的眼睛，我认识了一个不再和我们在一起的人，这是一件多么有趣的事情。能够延续这种连接，并成为其中的一部分，我很感动。

——玛格丽特·戈尔德

当我们把注意力放在别人的感受和需要上时，我们就会体验到我们共同的人性。

——马歇尔·卢森堡博士

我受到攻击了吗？

初步接触某个有趣的同修小组之后，我去参加了两次核心成员会议，看看这个小组是不是适合我。第一次聚会时，我坐在一位名叫迪伊的女士身边，我感到不自在。

迪伊从未对其他人露出笑脸。当她分享自己的背景故事时，我觉得她是想出风头。当她讲述自己的一段特别经历时，我感到一股攻击性能量向我涌来。我立刻进入防御状态，借此转移她的能量。但这种感觉像是向我发出了警告信号。我不想待在这样的同修小组里，这让我觉得自己的安全感受到威胁。我想把注意力集中在灵性上。

聚会结束后，我感到有点担心。

在第二次聚会的时候，迪伊和我坐在同一张沙发上。当大家开始聊天时，她侧过身，伸长了腿，她的脚趾离我大约只有两英寸远。几分钟后，她又伸了伸腿，这次几乎碰到了我。我感到被打扰了。我认为她的行为是对他人空间的漠视和不尊重。

"侵犯"的法律定义是指某人进入他人的私人空间，而"侵犯和袭击"①的法律定义是指某人进入他人的私人空间并触碰他人，通常带有暴力行为。作为家庭性侵的受害者，我很注重自

----

① 此处涉及两个法律术语。其中"侵犯"（assault）指的是还未实施的暴力威胁；"袭击"（battery）指的是已经实施的暴力行为。

己的日常边界。我会发出信息，来表明我是否想要接受别人的拥抱。例如，我习惯于让别人知道，我什么时候愿意被触碰，什么时候不愿意。

在这种情况下，我意识到自己的信任感和舒适感出了问题，所以决定和迪伊谈谈。

在交谈之前，我意识到自己需要检视一下她表现出来的"攻击性""入侵性"和"缺少尊重"。通过反思我对迪伊的这些评判，我了解到自己的需要。这帮助我平静下来。当我把这些想法解读成我对关心、安全和相互尊重的期望时，我感到更加平静了。

接下来，我开始思考迪伊这些行为的动机。我知道她有戏剧方面的经验。我猜想，在我们第一次见面时，我感受到能量的激增或许是她投射在房间里的戏剧魅力。我还知道她领导着一个大型团队，所以可能具有主导一切的习惯。当她在沙发上伸直腿时，也许她是在表示友好，而没有去关心对方是否正确地解读了她的肢体语言。

我希望向她核实一下这些不确定性，尽可能中立地向她描述发生的事情和我的焦虑。

"我们第一次聚会时，你在谈论一段特殊的经历，我注意到从你身上涌出一股能量。我感到很困惑，想要了解你当时发生了什么。在我们第一次聚会时，你意识到了这种能量吗？"

"没有。"她回答说，"我没有意识到这样的事。但是我知道，当我对某件事充满激情时，我的能量会变得很强。以前也有人这样说过。"

"哦，好吧。所以听到别人说你能量强大，你并不感到意外。"

一方面，这让我松了一口气，这意味着我当初把它解读成攻击性是不对的；另一方面，如果她自己对此都没有觉察到，我也就无法保证自己的安全感。

"当我感受到你强大的能量时，我感到很难受。现在知道自己的安全感并没有受到威胁，我松了一口气。与此同时，我感到不安，因为我是小组的新成员，希望在没有干扰的情况下放松地进入学习中。如果你感到激动，能不能不要对我散播能量？"

她想了大约 15 秒钟才回答："是的，我能做到。"

过了一会儿，我接着说："好吧，我再想想，看看还有没有其他事情。"

我描述了她坐在沙发上，几乎碰到我的情形。我试着用中立的语气简单地问她当时是否出了什么问题——而不对她的意图进行任何假设。

"是的！"她说，身体抖动了一下，"那天我们坐在同一张沙发上，我臀部的慢性疼痛突然加剧。有时那里会有一股刺痛，所以我就做做伸展运动，防止疼痛的肌肉痉挛。"

"哦，我明白了。所以你当时专注于舒缓自己的臀部，是吧？"

"没错，是的。"

了解到实际的情况后，我感到稍微平静了一些。如果能够避免的话，我绝对不希望任何人遭受严重的痛苦。

"你说得完全有道理，我也完全理解了。我的想法是这样的，我小时候有一些痛苦的经历，我曾遭受过亲人的性侵。你可以想象，边界和安全对我来说是多么重要。因此，如果不能获得足够的安全感，与你同在一个小组学习就会让我感到焦虑。"

"我看不出我的伸展运动与安全感有什么关系。"她说，有点咄咄逼人的味道。我感到她可能不高兴。

"当人们走进我的私人空间时，我的恐惧警报就会响起：'我安全吗？这是安全的吗？！'"

"当我伸腿的时候，我并不知道你内心的感受。你很担心吗？"她问道。

"是的，"我说，"知道你那样做的原因后，我松了一口气。如果我再有任何顾虑，我就直接告诉你，而不是事后再跟你讲，这样是不是有所帮助？"

"这会有帮助的。"她笑着说，"因为我担心处理这些事情会花很多时间。我的生活太忙了，我不想在事后花时间处理其他无关的事情。我也不想在小组学习时如履薄冰。"

"是的，我希望我们俩都不要这样。"我回答。

"我们要如何处理我们之间的这些不同的敏感问题？"她问道。

"我认为遇到了问题立即就讲出来会有帮助，特别是如果我们彼此都怀有善意的话。"

当我问她有什么想法的时候，她同意如果她不清楚她的动作是否让我感到不适，就会询问我。同样地，我也同意再参加几次聚会，以确保我在她的能量场中能够感到舒适。

"我很感激你最终和我谈了自己的看法。"她说，"如果你没有和我确认情况就离开了，我会感到很遗憾。"

我们商量好今后见机行事，如果有需要，就相互确认。如果在以前，我会带着怨恨和不信任，离开这个团体，认为迪伊对我怀有恶意。这样，我就会错失一个可能非常棒的机会。通过了解迪伊和我的需要，让我们原本困难的谈话变得更加容易，让不可能变成可能。随着对她理解的加深，我心中充满了更多的希望，这最终加深了我与她之间的连接。

——梅甘温德·依沃扬，www.baynvc.org

动物是一座桥梁，将我们与自然之美连接起来。

——特丽莎·麦卡

追求完美

当我第一次去印度时，我爱上了美丽的克什米尔手工刺绣披肩。它那精致的手工和细致入微的色彩、图案和针法让我深深着迷。我决定给自己买一条。

在克什米尔购物中心，我走到柜台前，想看一看某种颜色的披肩。店员拿出一条放在柜台上，似乎在敷衍我。

这条披肩很漂亮，但我还想看看别的。"可以给我看看质量更好的吗？"我礼貌地问。他又拿出了一些——很漂亮，但还是不能让我满意。这样来来回回好几次。最后，我说："谢谢，这些都很漂亮。你能不能把最好的给我看看？"他歪着头，仔细打量着我，然后，把手伸到柜台底下，拿出一条裹在透明保护罩里的披肩。接着，他手腕一挥，把它扔到了玻璃台面上。那条披肩在光滑的玻璃上打转，停在我面前。我摸了摸柔软的克什米尔羊绒料子，仔细查看绣得十分精致的边缘。

我感到非常惊讶，心想，这一次真的要好好欣赏，制作如此精美的成品一定需要难以置信的耐心和技巧。

我知道我已经快要找到心仪的披肩了。"我想再看一条。"我说。

他顿了顿，然后把手伸到身后的木柜子里，拿出压箱底货——它真的让我屏住了呼吸。

就是它了。这条羊绒披肩有着密实的四英寸丝绸镶边，缝线细得不能再细。精细的刺绣是如此复杂和完美，披肩的正反两面几乎无法区分。真是美轮美奂！

"艺术家需要花两年多的时间才能制作完成这样一条披肩。"他非常自豪地说。

它精致美丽，没有任何瑕疵，绝对完美。但是，对我来说，它的价格实在太贵了，最后，我还是买了下来。

回到旧金山后，一天晚上，一位好朋友前来拜访我，想看看我在旅行时购买的纺织品。朋友走了之后，我把这堆宝贝放在长凳上，一放就是好几个星期。

几周后，我在整理物品的时候，看到这条我最心爱的羊绒披肩被压在最底下，突然有了一种不祥的预感。当我把它拿起来，放到光亮处时，令我惊恐的是，有一些细密的光点穿过了精致的丝织料面，像夜空中的星星。蛾子咬的洞，该死的蛾子洞。

我记得母亲曾教过我如何保管好自己珍贵的物品。当我还是个孩子的时候，母亲的储物柜充满了樟脑丸刺鼻的气味，这保护了我们家的羊毛和丝绸制品。我从母亲那里了解到，蛾子是可怕的害虫，需要谨慎防范。

我的心中充满了愤怒和羞愧，不断自责：你怎么能这么粗心呢？你当时在想什么？

"很明显，你根本没有注意。"我鄙视自己。我又试图安慰自己，试着将这种情况合理化，告诉自己情况并没有那么糟，我可以找人把披肩重新编织一下。

我早就应该知道这件事的，我一遍又一遍懊恼地自责。

若干年后，我发现了一件让我大吃一惊的事：并不是成年的蛾子在织物上咬洞。相反，成年的雌蛾子会找一个最适合的环境产卵，这样当幼虫孵化出来时，新生的幼虫就有了营养丰富、易于消化的食物。

当我知道这个真相时，我想起了我那条珍贵的披肩。这是真的吗？并没有一只恐怖的蛾子在我珍贵的披肩上咬洞，它只是在那里产下了小小的卵？

蛾妈妈让我感到一阵惊奇，和我一样，它有着养育和保护下一代的本能。蛾妈妈想要给它的子女提供最安全、最柔软的床。它希望它孩子的第一份食物是最美味、最容易消化的。我也希望我的孩子获得同样的东西。

我一直在将它们妖魔化，觉得它们又大又丑，诅咒它们毁了我那完美的披肩。

现在，对我来说，这条披肩显得更加漂亮了。我把每一个小洞都看作是一种召唤。它召唤我与生命之网建立连接，让我原始的本能自我苏醒——将甜蜜的慈悲注入我自身完美的人性缺陷之中。

——安·奥斯本

我们越是向对方表达同理心，就越感到安全。

——马歇尔·卢森堡博士

起哄的棒球迷

观看棒球比赛并不是我星期六的首选活动。虽然如此，但我发现自己还是很享受这场比赛的……直到一群人在比赛进行到四分之一的时候走了进来。他们对着球员大喊脏话，我平素很少听到有人这样讲话。

"真是一群娘炮！""真没种！""你真逊，史密斯！"

我在此也不想更多地引述了。

这些人大笑着，互相怂恿，其中有一个人叫得最大声。

他们的评论让我非常痛苦不安，我告诉男朋友，我可能会离开。但后来我想，也许我可以和他们谈谈，让他们停止发表那些粗俗和冒犯性的评论。

想到这里，我心里充满了恐惧。过了一会儿，我做了几次深呼吸，鼓起勇气走过去，想和他们谈谈。

我径直走向那个喊声最大的男子，主动和他握手，说："嗨，我是贝卡。"起初，他看起来很困惑，但是又扬扬自得。他挺起胸膛，看了看周围的人，然后重新面向我，脸上露出迷人的笑容。我敢肯定他以为我对他有意思。

我还没想好要讲什么，于是就先向他问好，问他是否喜欢这场球赛。接着，我就直奔主题。

"我过来是因为我听到你们对着球员大喊大叫。我很好奇，你们为什么要这样做呢？"

"哦，他们不会介意的。"他说，"人们总是这样做的，这是在鼓励他们。我们相互之间都是这样讲话的。"

原来他是在对他认识的人大喊大叫，他们经常在一起打比赛。

"哦，所以这就是你们交流的方式，你们通过这种方式支持彼此？"我问。

"是的。"

"哇，这真是很有趣。当我听到你们的评论时，我并不是这样想的。我还以为你讨厌他们呢！如果我听到有人对我这样讲话，我会很受伤的。我平时基本听不到这些语言。"

他说："嗯，你可能有点敏感。对于我们来说，这没什么。我们经常这样对待彼此。"

这时，我意识到我不需要让他们停止评论。我已经从试图改变他们的行为，转变为想要理解他们的观点。当我放下自己的评判和意图时，我的身体放松了。而且，我感到自己心胸变得开阔，也觉得好奇。我仍然不赞成他们用这样的语言来鼓励队友，但我不再给他们贴上"错误"或"坏"的标签。

我拥有某种满足感，因为我有足够的勇气与他们谈话，并建立连接。我在这一天可算取得了一个很大的成就。

我走开后，他们变得很安静——不再起哄了！没过多久，他们离开了看台。

我不知道他们离开是不是因为我，但是我为那一天展现出来的勇气而自豪，也为自己对脆弱的接纳而自豪。我能够与一群我曾经诋毁过的人建立连接，并产生一些理解。这是一次鼓舞人心、散播慈悲的经历，从此以后，它一直与我相伴。

——贝卡·凯利

对处于紧张状态的人给予同理心可以化解潜在的暴力。

——马歇尔·卢森堡博士

路怒症的解药

某个星期六，我开车回家，行进在亚利桑那州一条繁忙的双车道公路上，一辆摩托车从我身边直接开了过去。那是一辆越野摩托车，骑手穿着全套的赛车皮衣，戴着一个头盔。他开车的速度刚好低于限速，我跟在他后面朝着镇子驶去。突然，他放慢了速度，以每小时5英里的速度慢行，我也照着做。

与此同时，已经有很多车辆跟在我后面。当我们将要进入镇上的第一个红绿灯时，摩托车骑手把车停了下来。我开车经过之后，他骑车跟着我——故意紧紧地跟在我后面。

我想他可能生我的气，也许是因为我之前跟得太紧了，超出了他的接受范围。我不知道他想干什么，既担心又害怕，不敢把车停在路边，害怕发生暴力事件。但是，我最终决定在人多的地方停下来，希望有一些目击者在场，这样可以改变我们沟通的氛围。

我停了下来，那位骑手从他的摩托车上跳下来，走向我的汽车。当我摇下车窗时，他开始对我大喊大叫，威胁要把我拉出去揍一顿。我吓坏了。

我吸了一口气，振作起精神说："我知道，你非常生气。你想在路上拥有安全保障。"

他停住脚步，向后退了一步。这句话显然对他有所触动。他没想到我能站在他的角度思考。就在那一刻，整个局势发生了变化。

"你说得没错。我希望自己处于安全的状态。"他说。

接着，他花了一些时间谈了谈自己的想法，然后离开了，并没有对我挥拳相向。看着他骑车离开，我松了一口气。真正的同理心是很强大的。

——马克·舒尔茨，www.nvctraining.com

同理心就像乘着波浪前进，与某种能量建立连接。这种能量非常神圣，它一直都活跃在每个人的身上。

——马歇尔·卢森堡博士

面对权力的同理心

我带着一堆东西，去参加我组织的节日派对。我需要乘坐地铁前往，作为纽约市民，这是我经常做的事情，我将所有的装饰品和食物都装在一个带轮子的大推车里，这样就方便移动。

当我到达地铁的时候，已经很晚了，我心急火燎。因为大推车过不了旋转门，所以我决定看看能不能用地铁卡打开服务闸口。以前，当我需要使用闸口的时候，我会先让工作人员注意到我，然后再等他们来帮我打开。我不知道是否必须这样做，因为服务闸口旁边就有一台刷卡机。我自己之前没有刷过卡，整个刷卡过程对我来说有点神秘。

因为我要赶时间，服务员又在忙着帮助其他顾客，所以我决定自己刷一下卡试试。服务闸口的门开了！我通过了。成功！多么激动啊——我告诉自己：如果我以后需要走服务闸口，再也不用麻烦工作人员了。我很开心。

突然，一个当值警察拦住了我。

"你没有付钱。"他指着闸口说。

我迷惑了："你没看见我刷了卡吗？"当我刷完卡，闸口打开的时候，他就站在那里。

"是的。"他说，"不过那没有用。你没有服务入口卡，所以扫描设备无法读取你的地铁卡。"

我非法进入了地铁系统。我正在琢磨他的话，他又重复了一遍。

"你没付钱就进去了。闸口刷卡机只能读取服务入口卡。"

当我刷卡的时候，门的确打开了。对他来说，这根本不重要。他说门根本没有锁。我事先怎么会知道这些呢？我默默地想。我还以为是我的地铁卡起了作用。

"对法规的无知不是借口。"他强调说。

我惊慌失措，试图向他证明我的意图。我告诉他我是打算付钱的。不过，他已经写好了罚单，所以我也没有必要再讲什么了。

我告诉警察，我会去参加听证会，并问他是否也能确保参加。我并不是很在意罚单或罚款。从原则上讲，参加听证会将给我带来麻烦，但是，我希望别人能听到我的陈述。那个警察看起来很惊讶，因为他知道，如果他不出席听证会的话，我就会自动赢得这场官司，但他同意了。我们六个星期后会再次见面。

在开庭之前，我做了很多准备工作。本着"清晰观察"的非暴力沟通理念，我拍了一些闸口的照片，证明那里没有标志说明仅供持有服务入口卡的人使用。我还做了不少其他准备：记笔记，培养同理心，并与我的同理心搭档通过角色扮演进行练习。我知道自己要面对两位政府人员——法官和警察。这对我来说是一种挑战，会让我紧张。

由于他们拥有的结构性权力，我认为他们会固守法律条文和官僚程序。因此，我想采用不同于以前的方式来面对他们，而不是用被动或蔑视权威的方式。相反，我想从选择、权力和说服的角度来处理这件事。在准备的过程中，我清楚地了解到自己的核心需要，这让我感到放松和平静。

到了那天，我有点紧张，但也松了一口气，因为听证会是在一间不起眼的办公室，而不是在法庭进行的。那位警察也出现了，他坐在我旁边。这样的安排有点像是调解——警察和我坐在桌子的同一边。

法官宣读了控告，并要求警察陈述整个事件。警察简单地陈述了事实——日期、具体时间、地点，他说他看到我没有付钱就走进了地铁。

接着，轮到我讲话了。

我面对着警察说："我想我能理解你的观点。从最基本的事实层面上，我的确没有付钱就进入了地铁系统。对你来说，我的动机根本不重要。我没有付款——我自己也不知道——尽管我刷了地铁卡之后闸口打开了，但我仍然有责任了解相应的法规。在某种程度上，其他事情并不重要，对吗？"

他点头表示同意。

我继续说："我想，如果你不给我开罚单，就没有恪尽职守。"

我再看了看他，他又点头。

我继续发言，向他们介绍了在这样的情况下，我内心的真正想法。

"我很好奇，也很困惑。我穿过闸口的时候你就站在那儿。你觉得我有没有看到你站在那儿呢？"

"是的，我认为你看到了。"他回答。

"你有没有注意到，当你拦住我时，我是非常吃惊的？"

"是的，你看起来确实很吃惊。"

我向法官展示了我的照片。

"虽然对法规的无知不能作为借口，但是很明显我是想付钱的。既然我通过了闸口，我就没有理由相信我没有付钱，因为在我刷卡之后，闸口的门就打开了。"

我稍做停顿，吸了一口气。虽然我的紧张感并没有完全消失，但是，知道他们都在认真倾听，我在说话的时候就更加平静和镇定。

"事情是这样的。我知道了你的观点……"我说，从容地吸了一口气，瞥了一眼那个警察。"我真的想要获得你们的理解，就事实与你们达成共识，并且获得信任。即使是在纽约这样的大城市，我也希望人们对他人的动机有一定的信任，对别人多一些善意的理解，是吧？"

法官花了一些时间端详闸口的照片。她似乎也被我的核心需要所打动，那就是在自己所生活的这座城市，人与人之间拥有相互的信任，彼此建立连接。

"我明白你的意思。"她回答。

"我的意思是，我们还能怎样在这样的大城市里生活和相处呢？我知道这次谈话是由不买票引起的，但我邀请你们二位换一个角度来思考一下，我们要如何生活，如何相处。这是我最希望探讨的。"

"好，"法官说，"我能理解你的观点，谢谢。让我想想。"

当她做出决定时，那位警察显然很惊讶，甚至感到震惊。法官自己似乎也有点吃惊。

"这是我第一次撤销这样的罚单。"

随后，她说她需要和上司谈谈，否则当她的上司看到这个决定时，会无法理解。在我们等待的时候，我向那位警察表示感谢，谢谢他遵守诺言来参加听证会。我很感激他给了我一个表达意见的机会。如果他没有来，我就会自动赢得这个案子。但我有更深层次的需要：我要让别人了解到我的动机，了解到我对这个我们共同生活城市的愿景。

那天，在听证会上，我有机会生活在我所梦想的城市里。

在这座城市里，动机、信任和人与人之间的连接非常重要。大约五个月后，我注意到服务闸口清晰地写着："仅限服务入口卡通行。"当初让我感到困惑的那张地铁卡照片也不见了。

——戴安·基利安，www.workcollaboratively.com

报复和没有原则的宽容并不能带来和平；对恐惧和未满足的需要给予同理心才能带来和平。正是这些恐惧和未满足的需要造成了人们相互之间的攻击。

——马歇尔·卢森堡博士

感到格格不入

在关于新型教育模式的某次专业培训中，我和其他 25 个人进行分组练习。我们做了大量的试验性练习，但是其中一些任务指令是不清晰的。例如，在某次活动中，主持者[①]给出了

---

① 在团队讨论中，主持者需要对成员进行有效的引导，并在活动难以进行下去的时候提供帮助。"主持者"类似于中文的"主持人"，但是这两者的作用并不完全相同。该词也被翻译成"引导师""催化师""协作者"。

一个非常混乱的任务指令，要求大家以某种方式表达教育的特质。

坐在我身边的男士举手说，他不明白主持者要求大家做什么。

主持者重复了指令，并再三试着进行解释，但大家仍然无法理解。

我觉得我也没有比那位举手的男士清楚多少。但是，在对某项活动不理解的时候，我通常就是不管它，一心做自己觉得有趣或有意义的事情。但当我看着他的时候，我能感受到他的沮丧和紧张。

他摇着头，似乎很有压力。当主持者让我们开始的时候，我并没有试图去弄清楚我们到底要干什么，而是立即同理了这位男士。

"我感觉你压力很大。你还好吧？"

"是的！"他回答道，"我完全不知所措，不知道该做什么。"

我对他的话进行了反应。

"好吧。你不知所措——你不知道到底要干什么。"

他点了点头。

"你还有什么要说的吗?"我问。

他说他觉得自己与这个房间格格不入,想要离开。他觉得自己是局外人,好像并不属于这里。他反复告诉我,他马上就要出去了。

"哇!"我大声说,"你准备离开了!"

"是的。我觉得自己与这里建立不了连接。"他说,"这些人与我不是同一类。他们都是文化人,也都是白人,而我不是。他们有相当的智力水平。我不属于这里。"

我重复了一遍:"好吧,你无法与这些人建立连接,因为其他人似乎跟你不是同一类人。"

"我感到焦虑不安。这真让我伤心。实际上,我对这些人很反感。我很生气!"

我不断进行反应,说出对他所讲内容的理解。这样做似乎对他起到了作用。他不停地点头,然后继续说下去。

几分钟后,他深吸了一口气,用比较平静的声音说:"我确实意识到这是我自己的某部分出了问题——这些人与我是如此不同。也许我只是在这样不断地暗示自己,但实际上我是在评判我周围的人。"

"那么，你认为你在这里的需要是什么呢？"我问。

他又开始向我倾诉了。

我们身边的桌子上有记号笔、便利贴和大张白纸。在他发言的时候，我草草记下了他的一些主要情绪：不知所措、格格不入、焦虑不安。

我们被分配的任务是要围绕我们对教育的看法而展开，所以我想：嘿，让我们就地取材，利用正在发生的事情！他看着我写，当我想知道他有什么需要的时候，我们只需要查看我写在纸上的内容就可以了。

他很困惑，需要与他人建立连接。他焦虑，焦虑的背后是对舒适感的需要。我们大约持续了20分钟——对话、解读、做笔记。他向我倾诉他的心声和痛苦。他需要包容、归属感、灵活性和掌控感。

我所做的就是对他说的话进行反应，并把它记下来。很快，我的这张大纸就全部写满了。

"嗯，我们应该把我们的观点形象地展示出来。你觉得同理心之树怎么样？"我问。

"哦！就是这个！这非常有帮助！"

他似乎感受到更多的连接，也更放松了。

我们把表达痛苦和需要的词语写在便利贴上——其中一些作为树叶，另一些作为树的肥料，这样就形成了一棵同理心之树。

时间很快就过去了，当活动结束时，房间里的所有人都有机会进行分享。在向大家分享时，我只是说我们培育了一棵同理心之树，它是在我们的讨论中成长起来的。但是那位男士站了起来，充满活力、口若悬河地介绍这次经历有多棒。

"埃德温做得太棒了……我当时已经准备要离开这里了！我很灰心丧气，但是他真的在倾听我的心声！"

他介绍了我们的整个交流过程，房间里的能量发生了变化。当他分享我们所做的一切时，我能感受到一种充实的感觉，一种连接感。每个人似乎都对他坦率的讲话方式感到惊喜。

他不停地提到我，说我的所作所为给他带来了改变，所以大家都低声问我："你做了什么？你对他施加了什么魔法？"

我笑着说："我只是对他给予了同理倾听！真的只是如此而已！"

简简单单地去感受同理心的力量，这对我非常关键。主持者一直在试图解释，但是根本不得要领。倾听有时会让一切变得不同。我真的是在努力遵循这一点。

——埃德温·鲁奇，http://cultureofe-mpathy.com

非暴力沟通练习需要慢慢地进行，三思而言，大多数时候，不需要说话，只需要深呼吸。学习和应用非暴力沟通都需要花一些时间。

——马歇尔·卢森堡博士

车管局里无声的同理心

从我动身去车管局更换驾照开始，这一天似乎就是无休无止地忙碌的一天。一个星期前，我的驾照连同钱包一起被偷了。虽然不想去车管局漫长地等待，但是我有咖啡，完全可以带着它去处理这一切事务。当我拿着装有咖啡的旅行杯走近前门时，保安拦住了我。

"女士，"他说，"你应该知道，不能将杯子带到这里。"

我叹了口长气。我排队的时候需要这杯咖啡来打发时间。我感到很生气，但我不得不服从他。

"好吧。"我回答，很明显他看到了我的沮丧。"我能在门口喝完它吗？"

他点了点头。喝完咖啡之后，我就往里面走，心里想，为什么这个保安这么混蛋？时间还早，正是大家喝咖啡的时候！

我拿了一个号码，坐下来等着轮到我。在等待的时候，我仍然很生气，我看了看保安，想知道他的工作是什么样子的。我注意到去车管局的大多数人似乎都很暴躁，我的想法也随之改变了。一直在和这么多沮丧的人打交道，这一定非常具有挑战性。他可能要经常承受人们的沮丧给他带来的冲击。

当我设身处地为他着想时，我最初的恼怒消失了。一股充满着慈悲和爱的浪潮温柔地冲刷着我，我的沮丧完全消失了。

整天和烦躁的人打交道一定是令人沮丧和气馁的。是不是因为无人体贴他，他被这份工作搞得焦头烂额？他需要我们给他更多的接纳、欣赏、体谅和真诚吗？

很快，我就听到了我的号码。我跳起来走向柜台，准备去办手续。工作人员检查了我的文件，要求我缴纳 25 美元的现金。

我慌乱地说："什么？我只带了一张信用卡。我今天就得把这件事处理完！"

她看着我，耸了耸肩。

我深吸了一口气，把手放在胸口，提醒自己没事。我告诉自己，这个问题很快就会解决的。就在那一刹那，我回想起过去遇到的种种麻烦，意识到这个问题并没有什么大不了的。我又深吸了一口气，把手伸向钱包，看看我有多少现金。

还差两美元。

我恳求地看着工作人员："就差一点点！我的现金差一点就够了！"

她很抱歉地笑了笑："女士，你必须缴纳足额的现金，要不，你改天再来办理……下一位。"

我呆呆地站在那里。

那位保安走过来问："有什么问题吗，女士？"

我不好意思地告诉他，更换驾照需要缴纳现金，但是我的现金不够。

"差多少？"他爽快地问。

"差两美元。"

他把手伸进钱包，掏出两美元放在柜台上。我站在那里，眼睛瞪得大大的，说不出话来。我真想抱抱他！早上刚来的时候，我对这位不让我在室内喝咖啡的暴躁家伙感到恼火，但是，当我看到他慷慨大方和乐于助人的行为时，我的看法发生了改变。

我开开心心地走出车管局，感觉受到了鼓舞，内心充满了希望是。是同理心改变了这一天。

——尼基·马克曼

当我们专注于澄清我们的观察、感受和需要，而不是去诊断、评判的时候，我们就会发现内心深刻的慈悲。

——马歇尔·卢森堡博士

被警察盘问

我和一些大学同学正在去参加派对的路上。那天晚上我们打算喝酒，我从车里拿了一箱酒走进了开派对的地方。我不确定这个箱子是否打开了——很难说。

我们到达的时候，有一些警察已经在那所房子里。在我们进去之前，有一名警察拦住了我。他开始就这个装酒的箱子对我进行盘问。我不确定箱子是否被打开，我知道我可能会有麻烦了，所以我不知道如何回答他。

这名警官要我出示证件，但我一直犹豫。我能看出来，他觉得我在撒谎。我通常会掩饰自己的情绪，因为表露情绪会让人觉得我很软弱。但是，当我掏出钱包时，我告诉他我感到紧张和害怕。我解释说，由于这方面的法规很模糊，我不愿贸然回答询问。

我以为我会惹上麻烦，但当我告诉他我很害怕时，他理解了我对法规的不确定性。他花了一些时间向我解释，告诉我如何处理这类牵涉到酒的问题。我们最后进行了愉快的交谈。

——匿名，www.nvcsantacruz.org

同理心是人类最根本的情感。

——格洛丽亚·斯泰纳姆

杰克的葬礼

在抵达杰克的葬礼时，我发现偌大的教堂里坐满了人。我认识其中的很多人，大家似乎都来自同一个社区。教堂里只有最后面有一些站立的空间。棺材被人抬进来了，后面跟着杰克的妻子玛丽和他们两个年幼的儿子，一切都显得庄严肃穆。

我发现所有的葬礼都非常感人，对逝者的亲人来说，这样的损失是彻底的、不可挽回的。因为死亡的力量超出了我们的控制和理解范围。它使我们知道，生命才是最珍贵的。所有这一切，以及杰克家人的悲恸感受，在葬礼一开始的时候就影响到我。

我非常感动，觉察到有一股力量在我体内升起。我尽最大的努力敞开自己，让这种感受自由流动。有时，这种方法能够起作用——当感受涌上心头的时候，我可以像河的两岸般稳稳地把持住——但这一次，我的河岸正在消融，汹涌而来的感受很快就成为我的全部。现在，它随时都可能狂野喧嚣地迸发出来。在我们英国，葬礼文化当然也包括哭泣，但并不是那种大喊大叫的痛哭！我该怎么办呢？

我朝门口看了看，发现一条小路，如果从那里出去，将不会有任何人注意到我。我想要出去一下，这可能会有所帮助。就在离开之前，我意识到我是多么想留在现场，想成为整个葬礼的一部分。我内心某处决定找出解决问题的方法，我想起了我最近学习到的一些知识。

在这种强烈的感受下面一定潜藏着同样强烈的需要。这种需要会是什么呢？

一个答案不知道从什么地方冒出来：我需要祈祷。我感到吃惊。这是我没有考虑过的事情，但获得这个答案后，我立刻平静了下来。就是它，这种感觉是真实的。当我把注意力集中在祈祷的需要上时，我内心汹涌的情绪就消退了，就像海浪撞击海岸，又返回了大海。我又能感觉到双脚稳稳地站立。我可以留在教堂里进行祈祷。我进入一种深沉的状态，在接下来的所有仪式里，我完全沉浸在葬礼的神圣之中。

最后人们被告知，家人和亲密的朋友将前往几英里外的墓地参加葬礼。我不知道我是否算是亲密的朋友，我想也许不是。我骑上自行车，朝着回家的方向慢慢行进，但是有什么东西阻止了我。我觉得自己没有准备好要回家。相反，我去了一个朋友的家。她正在参加葬礼，因此不在家。

我有点犹豫，不知道接下来该做什么。葬礼仪式结束后至少过了 10 分钟，我开始骑车慢慢驶向墓地。我处于一种深沉的状态，能够比平时更清楚地感受到内心的情绪，所以我决定一直遵循自己内在的声音。我以自己觉得合适的速度，慢慢地骑着自行车，在斑斑点点的阳光下欣赏着路边盛开的鲜花。

我来到了墓地，它就像一个美丽的公园，沐浴在五月上午的阳光里。我远远地看到殡仪车和在墓边哀悼的人们。我停好自行车，走过去加入他们。我刚刚过去，葬礼仪式就结束了，人们开始相互拥抱，轻声交谈。我很高兴自己能够参与到这个环节，与朋友拥抱，但是很遗憾，我错过了墓旁的集体祈祷。

玛丽和她的两个儿子率先离开人群，他们上了前面的殡仪车，人群也散开了。我离开了那些哀悼的人们，我想和杰克待在一起，和他的内在建立连接。我走到墓前，低头看着他的棺材，他的尸体就躺在里面。我从茂密的草丛中摘了几株雏菊，一边祈祷，一边把它们扔进了坟墓。我静静地站了几分钟。

我内心的某部分一直感到不安。它告诉我不应该这样做——这是不对的，不是我该做的，也显得无礼。我跟他的关系不像其他人那样亲近。他们会怎么想？但从我参加葬礼的过程来看，我内心的连接感依然很强，所以我尽量遵循内在的声音。

最后一批亲友都上车了，他们开车慢慢地离开了。我独自站在杰克的坟墓旁。我觉得这一刻已经结束了，但我还没有准备好回到世俗的生活中去。我看见不远处的树下有一张长凳，于是走过去坐了下来。

当最后一辆车驶离墓地的时候，我听到发动机启动的声音。一辆小卡车突突地开进草地，驶向坟墓。两个男子走了出来，开始往杰克的棺材上铲土。他们边工作边大声交谈，说笑着，充满了生命的活力。他们让我想起了莎士比亚戏剧中的掘墓人——生命与死亡、喜剧与悲剧、欢快与忧伤的对比。他们非常利落，没过多久，就把坟墓填好了。然后，他们跳上去把土压实，同时兴致勃勃地聊个不停。最后，他们把铁锹扔回车里，开车走了。

我在静默中又坐了一会儿。一切都结束了。

在接下来的几天里，我没有见到玛丽。我很想写信告诉她在她走后发生的事情，但我有点犹豫。在这个敏感的时间段，发送这样私人的信件，妥当吗？几天后，我再次感到了那股冲动，我决定遵循内在的声音，于是给她写了一封信。

几天后，玛丽打电话给我。她用充满喜悦的声音告诉我，她很感激我的信。她说她离开墓地是为了照顾她小儿子的情绪，因为他已经无法承受了。透过车窗，她看见我走到坟墓前，采了一些花，扔进坟墓，然后站在那里默默祈祷。她告诉我，她一直渴望亲自去做这件事，我似乎代替她做了这件事。我在那里目睹坟墓被填满土，这对她来说也很重要。这给她带来了安慰，让她觉得一切都很圆满。

我很惊讶，我从来没有想过自己是为她在做这些事情。从在教堂的那一刻起，当我与自己建立了深刻的连接之后，每件事都在正确的时间、正确的地点，以正确的方式展开。这就像是一种恩典，我为自己能够成为其中的一部分感到很荣幸。

——布里奇特·贝尔格雷夫，www.liferesources.org.uk

当你建立起人与人之间的连接时，问题就自行解决了。

——马歇尔·卢森堡博士

人行道上的连接

我走在伯克利市区的一条主道上，注意到某个出入口有一位男子，很显然他昨晚在外面过夜。我看到他身边有睡袋和其他物品。当我走近时，他拉上睡袋，开始自顾自地大声咒骂着。他的心情似乎很糟糕。

看着他挥舞双臂在人行道上踱来踱去，我感到有点害怕。我本能地想穿过马路避开他，所以放慢了速度，斟酌我的路线。当我正要绕过他时，突然听到他在讲什么。我停了下来。等等，他在说什么？因为离他有一段距离，我只能勉强听到他提到自己的鞋子。

我朝着他再走近几步。

"混蛋！你非要把我的鞋拿走！我的尺码是 15 号！该死的鞋子……你知道要弄到那双该死的鞋子有多难吗？混蛋！你为什么不过来露个面呢！"

我再看他，他只穿着袜子，绕着圈行走。他的手势并没有特

非同理回应
示例
附和

"真是一个蠢货。"
"你是完全正确的。"

别针对任何人。我为他丢了一双鞋而感到难过，因为他似乎是一贫如洗。

我想要有所行动，但同时也想保证自身的安全。我想到了一个办法。我看到附近有一堵1米多高的砖墙，那是地铁站入口的标志。我绕到墙后面，让自己和他保持一定的距离。

我的脑海闪过了最近在非暴力沟通培训中学到的一个概念。我们练习过能量匹配，将之作为深入倾听的一部分。这正是我将要尝试的。

"嗨，你好！"我尽量模仿他的语气，朝着他的方向大喊，"有人拿了你的鞋，你就生气了吗？啊？"

他靠近过来："是啊！尺码是15号！"他沮丧地摊开双手。

"是啊！这个尺码很少见的！"

"没错，是的！"他叹了口气，停顿了一会儿，然后又加快了说话的速度。

"他们真是懦夫！"他接着又说了几分钟，告诉我拿走他鞋子的人是多么懦弱。

"你希望他们光明磊落地站出来面对你吗？"我问。

"他们是懦夫！"他回答说。

"你想找个机会跟他们谈谈，是不是？"

"是的！"他看了看我，吸了口气，"嗯！"

"天哪，啊！"我摊了摊手，"只有这些吗，就像你刚才说的这些？"

"是的！"他说。他现在完全面对着我："是的，就是这些！"

我们就这样交谈了一会儿，他反复说要当面和小偷对质，我同理了他的愤怒。我猜他感到绝望和无助，他希望小偷出来面对他。这反映了他对力量和解决办法的需要。

几分钟后，他的声调突然降低了。

"我不知道自己为什么要大喊大叫。你看起来是个很善良的女士。我很抱歉。"他喃喃地说。

我惊呆了。"别！你说什么？你不需要对我道歉。这样我会难过的。"

"是的，我真的很抱歉，"他平静地说。

"我无法给你买一双新鞋，但是如果你想吃三明治或别的东西，我很乐意给你钱，请你吃顿午饭。"

"不用了，谢谢。我现在只是很愤怒。"

他又恢复了怒气，对着天空大喊大叫，偶尔朝着我所在的位置瞥一眼。而我站在那里倾听，陪伴着他情绪的起伏，我不时点头。

"是啊，你还在生气。这些生活必需品很重要！这个问题解决不了，让人恼火！"

他似乎安定了一些，而我也觉得没事了，于是我和他告别。

当我收拾东西准备离开时，他目不转睛地盯着我。

"嗨，你刚才说愿意给我几块钱买一个三明治。你现在还愿意给我钱吗？"他问道。

我给了他5美元，然后离开了。我听到他在自言自语，但语气和之前已经不一样了。

当我离开时，我觉得自己和这个陌生人建立了某种连接。当我对他表示关心的时候，他对我表示了感谢，为此，我很感激。"你看起来是个很善良的女士。"我回味着他的这句话，能够找到一种安全而有意义的方式和他建立起连接，这让我很高兴。

——雷哈纳卡德拉里

在我们的所有经历之中，都有一些智慧在等待我们去发现，如果我们面对和拥抱这些经历，这部分智慧就会显现出来。

——马克·尼波

弱者（对污蔑的自我同理）

我就像被人揍了一拳。

我感觉肚子被踢了一下。

我感到羞耻。

我又对自己的羞耻感到羞耻。

我知道这不是事实，为什么我会感到受伤呢？

夜已经很深了。

前一刻我还沉浸于创作科幻小说带来的快乐之中。下一刻，当我阅读头条新闻，看到《纽约时报》上一篇关于总统言论的文章："特朗普总统星期四在白宫与国会议员开会时，把海地、萨尔瓦多和非洲部分国家称为'粪坑国家'。"

我知道他说的不是事实，但是，为什么我会感到受伤呢？

我试图说服自己不要纠结于此。他说什么对我来说根本无关紧要。我的内心涌现出海地的山丘和各种与海地相关的记忆——在莱凯街道漫步，欣赏着五颜六色的建筑，和海地的家人共处，还有伴随我长大的海地克里奥尔语、海地音乐、芭蕉、大米和豆子。

这些思绪并没有缓解我刚刚受到的沉重打击。我的精神和身体在痛苦中打结。

我集中精力去觉知内在的感受。

我现在要如何去温柔地拥抱自己呢？经过一番努力，我带着好奇转向痛苦，厘清我的需要，试图去理解它。这一刻，我偏离了无用的评判模式，不再纠结于自我评判，也不去对攻击者进行评判。

相反，我转向痛苦，带着关切，拥抱我的脆弱。

保持这样的感觉是很困难的。

我没有迷失在理智的思考中，而是去觉知胸部的紧张和全身的恐惧。

我的需要是获得安全感和尊重。

开始的时候，我对安全感的需要是最强烈的。

接着，我注意到，羞愧感是基于我内心深处对特朗普的信任而产生的。

相信这样的侮辱——可怕！

我内心的某部分相信它。

哦，不行，我要将这一部分扔掉，拒绝它，埋葬它。

我认识到这一点。然后，过去的承诺从我心中生起——我要无条件爱自己的一切。我不想假装自己是一个不同的、更健全、更健康的人——我形成了一种信念：真实才能导向真正的疗愈。我要在看似丑陋的事物中寻找美丽，用慈悲拥抱自己。但是我要怎么爱自己呢？

我问了如下的问题：相信特朗普的叙述能满足什么样的需要？

我倾听着自己的感觉和情绪。

我静静地坐着，耐心地倾听，用接纳的态度感受内心涌动的思绪。这股思绪敦促我同意特朗普的言论。

它是想要获得放松吗？这股力量并不想去争吵。它使我的整个身体和内在扭成一团。觉知到这些之后，各种不同形式的"不，不，不"喷涌而出，冲撞着我的思绪。这让我处于某种精神上的逃避状态，让我放弃。

我陷入一种厌恶的能量之中。面对敦促我同意特朗普的涌动思绪，那高涨的怨恨又显示了什么需要呢?

自尊，尊严。

尊严，我叹了口气。尊严和我所陷入的困境是如此的不同。尊严轻快而放松，像一只在海面盘旋的鸟。

暂且回到将要崩溃的情绪波动吧。我能不加评判地坐在这里，拥抱自己吗?

再次触摸这种情绪，记忆在我的脑海里流淌，那么多的心碎。我感到了疲惫，感觉到一场永无止境的战斗。

天啊，这是不是太难了?

我检视了一下，它尚在我倾听的能力范围内。

对于我来说，倾听比相信更加重要。

回到身体，拥抱感受，

回到那股能量。

纷飞的思绪拉扯着我，让我离开身体。

不断回答，不断质疑，不断去调整。特朗普是坏人! 他是邪恶的。谴责他。想着他和所有人的错误——所有人!

还有那刺耳的"我怎么了？"

头脑像旋风一样继续运转。我要让自己沉静下来。

我大声地对自己重复"慈悲"这个词，把这个词灌输到我身处的困境之中。慈悲之光犹如夜间海上的灯塔，它发出的那束光抚摩着痛苦的波浪。

我渴望轻松和舒适，这个需要牵引着能量和情绪在我的身体里振动。

那么，我就继续去感受吧！

我的怨恨变得柔和了。

身体四周的疼痛让我感到温柔和甜蜜。

眼泪夺眶而出，这是一种如释重负的感觉。

我被吞没了，但我并没有进行自我攻击。

我沉浸在怅然若失的巨大情绪之浪中。

我不再质疑它存在的合理性。

不再质疑它的放弃、屈服——这是一种获得平静的策略。

它有权自由自在地进行反应，

那天晚上的某个时候，放弃变成了放手，它不再把我禁锢于一个圆球内。

怨恨消融在更广阔的空间里。

而我站在那里，觉知着自己当下的呼吸。

我越来越平静，祥和，清晰。

我不再想把自己从痛苦中解脱出来，也不想去攻击。

我的内心流淌的是：弱者和强者的概念。

谴责白宫当前那位强者的冲动是多么强烈，在某种程度上，它是想去获胜。

现在我平静多了，所以我观察着这场游戏：

"不要憎恨参与者，憎恨这场游戏。"

海地是弱者还是强者？

在现代生活中，我也是游戏玩家，我祈祷并且冥想，觉知超越的时刻。

但是我相信这场游戏，我的恐惧就是证据，我想要赢，我不想输！

什么是赢？

死亡是必然的，但对美好生活的渴望驱使我度过一天又一天。

理想、价值观和德行在哪里？

它们是儿童电影、20世纪50年代的情景喜剧和漫画书里的东西。

善良会获得胜利吗?

在超级英雄故事中,最后的胜利证明了你是有力量的,你是正确、善良的。

现实中充满了辛勤工作却一败涂地的人,善良的人会失败,无辜者被人随意、愚蠢、无情地压迫和杀害。

他们失败了。谁取得了胜利?

鲜血流进美国和世界历史的长河。

战争、谋杀、压迫和奴役,这通常是被我所忽略的背景。不忽略这些,我就会淹没在无意义之中。

我们要忽略很多东西:从我身边经过的无家可归的母子,他们绝望地盯着我,而衣冠楚楚、挥金如土的公司高管茫然地盯着自己的苹果手机。

强者的存在,必然需要弱者的陪衬。

这次我会处在钟形曲线①的正确位置吗?

下次呢?

　　　　　　　——菲尼克斯·索莱伊, **www.phoenixsoleil.org**

---

　　① 钟形曲线一般指正态分布曲线,反映了随机变量的分布规律。

你永远不会真正了解一个人，除非你从他的角度考虑问题。

——哈珀·李

同理心创造奇迹

在两个小时的教学结束后，一位名叫艾莉森的学员走到我面前，告诉我某个朋友提醒她来做自我介绍。这是她第二次和我一起参加有关同理心和连接技巧的研讨会。因为某个学员问她："我们真的能在几个小时后使用这些内容吗？"于是想过来分享她的一次经历。

她真诚地告诉我，这样的"连接"技巧救了她的命。

她说，有一次她和男朋友在家里被人打劫了。当其中一个劫匪用枪指着她的头时，她发现自己心里想：哇，我想知道是什么样的童年生活让这个家伙变成这样。

她抬头看着这个劫匪的眼睛，心中充满了慈悲。她什么也没说，但她很惊讶，在这样危险的时刻，她居然会产生这样的念头。劫匪和她对视了一下，然后拿开了他的枪。劫匪逃跑时，她男朋友的脚被射中了，所以她知道劫匪并不害怕使用武器。

她想告诉我，她很感激拥有了这样的洞察力——无论在什么情况下，都不要忘记关心其他人。艾莉森认为，时常保持同理心可以作为挽救性命的工具。她想让我知道，两个小时的研讨会可以改变世界。对她来说，也的确如此。

——卡罗尔·蔡斯

理解的特质就是安住于当下，这是人与人之间能够给予彼此的最珍贵的礼物。

——马歇尔·卢森堡博士

被丢下的女儿

一天早晨，我坐在门廊里吃早餐，享受着独处的时光。突然，我听到一位母亲和她孩子的对话："你现在就给我过来！"我听不清女孩的确切回答，但根据她的语气，意思肯定是"我不想过去"。

我就这样听着，她们的声音越来越大。然后我只听到孩子不断地尖叫："不要离开我，不要离开我，不要离开我！"

我产生了两个想法。我首先想到的是，作为一个被吓坏的小孩子，妈妈（明显是她母亲）就这样丢下她会是什么感觉。我想那个女孩可能非常需要安全感、连接和安慰。

其次，我发现我也受到了惊吓。我担心小女孩可能会有危险，但我不敢做任何事，因为对亲子关系进行干涉是非常麻烦的事情。我不知道这位母亲和她女儿之间发生了什么事情，我真的很尊重为人父母者。

但尖叫声仍在继续，我无法控制自己。在一种保护欲的驱使下，我循声而去，想看看到底是怎么回事。我拐过社区的角落，看到了那个女孩。她看起来还不到4岁，完全吓坏了。对她来说，我是陌生人，所以她很激动。我小心翼翼地靠近她，以免让她受到更大的惊吓。

我在地上坐了下来，离她大约有4米远。我看着她，她也看到了我。但她一直盯着前方，喊道："不要离开我，不要离开我。"

"你似乎感到很害怕。"我说。

"不是的！我不害怕！"

我点了点头说:"哦,你非常生气。"

她说:"是的,我很生气!"

"你想和妈妈在一起。"

她确认道:"我想和妈妈在一起。我不希望她离开我。"

我觉得,作为一个4岁的孩子,对自己的需要有如此清晰的认知是非常了不起的。所以我就顺着她的意思说下去。

"是啊,所以你希望妈妈和你在一起,你希望她没有离开你。"我说。

她点了点头,于是我说:"把你一个人留在这里,让你感到有点害怕。"

这次,她认可我的猜测,语气软下来,说:"是的,我感到害怕。"

她放低了声调,似乎渐渐地平静了下来。我俩都没动。我保持着与她的距离,继续顺着她的话和她交谈。很快,她就告诉我她多么想妈妈,她很饿,想吃早餐。我们还谈到了她紧紧抓在手里的娃娃。

聊了几分钟后,我问:"要不要我带你去找妈妈?"

她立刻恢复了愤怒的状态。

"不要！"

"哦，好吧。"我说，"所以你非常希望妈妈来找你。"

"是的，是的。"她说。

我觉得她是害怕被陌生人拐走了。所以，我一点也不怪她。于是，我们一边等待一边交谈着。

就在那时，她的妈妈出现了。我先进行了自我介绍，然后微笑着宽慰她。我想，她一定不知道我为什么要跟她的女儿说话。

"你们俩今天早上似乎闹矛盾了。"

她叹了口气，承认了我的猜测。"非常不愉快的一天。无论我说什么，她都不听我的话。"

"是的。"我说，"当别人不配合我们的时候，真的很令人沮丧。"

女孩的妈妈微微一笑。我们带着同理心进行了几分钟的对话。我向她分享了我组织的一个亲子实践活动。在说话的时候，她为女儿把椰子开了洞。她似乎更加放松，也更具有觉知力了。过了一会儿，她示意女儿跟她一起走，这样她们可以再去吃点早餐。

当这位母亲开始走的时候，你猜发生了什么？小女孩又生气了。

我对女孩说："哦，又有什么不对劲了？"

"是的……"她回答道。

接着，她的妈妈插话了，并带着同理心做了一个猜测。她看着女儿说："你愿意走在前面，领着我去用餐吗？"

小女孩吸了一口气，说："是的，我愿意。"

小女孩拉着妈妈的手，牵着她沿着车行道往前走，再也没有回头看我一眼。这种亲子之间的默契，正是我想看到的。

——吉姆·曼斯克，www.radicalcompassion.com

假设你在树林里散步，看到一只小狗坐在树旁。当你靠近它的时候，它突然露出牙齿扑向你。你既害怕又生气。但是你发现它的一条腿被夹住了。你的情绪立刻从愤怒转为担忧：你知道狗的攻击性源于脆弱和痛苦。这个结论适用于我们所有人。当我们做出伤害性的行为时，是因为我们陷入了某种痛苦的陷阱。我们越是能用智慧的双眼审视自己，审视对方，我们就越能培养慈悲的心。能够宽恕他人是一种福气！

——塔拉·布拉克

附录 A

习惯反应和同理回应——参考表

当非暴力沟通的初级练习者遇到一位情绪不佳的人时，他的默认对话设置可能是习惯反应，这是正常的。潜意识状态下的"非同理心"模式会让人无法建立连接。因此，认识到自己的默认反应处于"非同理心"状态是有帮助的。

非暴力沟通练习者学习更具有同理心地去倾听——温暖地安住于当下，不执着于对话过程——从而了解到同理心的影响，并用以下这个原则来主导对话：站在对方的角度，什么是重要的？

以下这个参考表是为那些有兴趣培养同理心的人设计的。

表中列出的对话选项说明了不同反应之间的细微差别。较之于依赖习惯反应，选择采用同理反应可能更合适、更有助于建立连接。

	习惯反应（非同理回应）	同理提示	同理回应
教育	他已经尽力了。在他这种环境下长大的人很难不采取防御性的反馈。	把你的注意力集中在对方说的话上，等待对方征求你的意见。	因此，在他这么沮丧的时候，与他对话是痛苦，也是徒劳的。这真的很难。
建议	你知道，我看到有文章说，70%到85%的生育问题可以通过调整营养而获得改善。你应该试一试。	认识到自己想要帮助或解决问题的愿望，但是，在对方叙述的过程中，你要与对方同在。	哇，所以你真的在想办法，试着对自己的身体进行一些调整。
安慰	我认为你在球场上表现得很好。别担心，你在新团队里做得很好。	试着去猜测对方的感受。	你是在担心自己的工作，还是今天觉得脆弱？
指导	我希望你现在能觉知呼吸……	等到对方征求建议的时候再说。	事情似乎真的令人措手不及！

	习惯反应 （非同理回应）	同理提示	同理回应
同情	这件事的发生令我恼火！我太生气了！你不应该受到这样的待遇。	觉察到对方的遭遇是怎样让你激动的，但要把焦点放在对方身上。	她发的那个邮件让你很生气！你们都很努力，并且已经决定制订一个计划！
教育	这些事情的发生总是有原因的。	猜测对方的需要，看看是否能引起共鸣。	你需要一些迹象来证明这样做会成功？这跟希望有关吗？
附和 （表达同意或不同意）	你说他不负责任，这是对的。他太不成熟了。	反馈（重述）你所听到的内容，但并不需要认同它。	所以在某种程度上你担心他不会成功。唉。
评估	你告诉了孩子们，我觉得这是对的。让他们知道这些很有帮助！	相信对方，即使没有你的指导，他们自己也能找到办法。	听起来你是在事后进行猜测，你如何把它呈现给孩子们的？你一定希望尽量对他们诚实？
讲故事	我知道你的意思！我的妻子也是那样做的。她总是想……	在对方讲完之前，不要插话。如果对方有倾听的意愿，那你就分享吧。	她很难过，而你最后也感到内疚？虽然你就交通问题对她提出过警告？

附录 B

同理心技巧练习

.

通常情况下，我们认为当某人难过的时候，我们才需要临时向其表达同理心，或者在与怒气冲冲的陌生人、朋友、悲伤的爱人交谈时，我们才需要展示出一些同理心。不过，对于更正式、更主动的学习者来说，有计划地和他人练习同理心技巧是非常好的想法。就我所知，这可以作为一个很棒的练习方法，去纠正我们固有的习惯反应（非同理回应），获得更具正念的同理心连接。

对于大多人来说，本书所介绍的同理心练习是反主流文化的，会让人感到有点不自然。我们需要有所付出，并且保持正念，才能改变我们的思考和说话方式。如果你去参加一个长期的非暴力沟通项目，就可能被安排与某个"同理心伙伴"一起进行练习。但是，如果你能找到一个愿意配合的同伴，你也可以自行做这种练习。

以下是它的工作方式：每周抽出 20 到 60 分钟的时间和你的同理心伙伴交谈（当面、电话或视频）。你要用一半的时间向对方倾诉，分享自己当时的感受——正面的或负面的，快乐的或悲伤的。你可以分享一切事情。当你的同伴试着用同理心倾听时，注意一下你被人倾听时的内心感受——它对你是否起作用，起了什么样的作用。

当轮到你去倾听对方的时候，试着练习不要给建议，不要去安慰。相反，在开始的时候，你要专注于三个基本技能：

1. 反映或复述对方讲话的要点。

2. 猜测对方当时的感受。

3. 猜测与这些感受相关的需要。

熟练掌握这些技巧是很困难的，尤其是当对方情绪低落或心烦意乱的时候。在练习的早期，这一过程并不完全是线性的，肯定会让人感觉很机械。但是，这是一个很有效、很具体的起点。

　　为了辅助这个练习过程，我制定了一个列表，当你希望进行同理心练习的时候，可以借助于这个列表进行交流。不同的对话需要不同的技巧，所以这个列表的目的并非要囊括所有情况，而是作为一个指南来引导大家探索何种方法才是有效的。我们的目的是去帮助同理心的接受者，让他更能感受到被人所理解，并更有效地建立自我连接。你可能只需要花5分钟，给予对方温暖，做一个安静的倾听者，就能达到这个目的。但是，这要视具体情况而定！这个工具旨在让人产生正念，而不是为了开出一个僵化的处方。

　　同理心给予者（倾听者）：

　　·我温暖地陪伴对方。

　　·我重述对方的话。

　　·我猜测对方的感受或需要。

　　·我询问对方的身体感受。

　　·我每次做出一个容易理解的猜测。

　　·我尽量根据对方的节奏来调整猜测的频率。

　　·当我的猜测没有引起对方的共鸣时，我也不会失望。

·当我觉得自己产生冲动，想去提供策略或者给予建议的时候，我能够觉知到这一点。

·当我觉得"厌倦"或激动的时候，告诉对方。

·我将在约定的时间内结束对话。

同理心接受者（倾诉者）：

·我请求对方重述一下我的话。

·我请求对方猜测一下我的感受和需要。

·当对方的猜测无法引起我的共鸣时，告诉对方，并且不需要感到尴尬。

·我不时地停顿一下，让对方有机会讲出自己的猜测。

·在倾诉期间，我与自己的感受建立更深刻的连接。

·在倾诉期间，我与自己的需要建立更深刻的连接。

·在倾诉期间，我与自己的身体感受建立更深刻的连接。

·在倾诉期间，我会系统地产生新的想法、可能性或策略。

·在倾诉结束之时，我能够轻松地结束话题。

总结：

·在这个过程中对我有效的是 _____。

·在我扮演任何一个角色时，我注意到 ＿＿＿。

·下一次，我希望 ＿＿＿。

在你倾听的过程中，尽量不要去想列表上的内容，否则你就无法安住于当下。你可以试着把列表放在面前，在同理心练习之前或者之后进行参考。如果觉得它有帮助，你就可以进行总结，在扮演同理心的给予者或者接受者的时候，这个列表上的哪些技巧是可行的。你可以：

·试着专注于某个特定技巧。（举例：当我是倾听者的时候，我会尽量做出更简短的同理心猜测，每次讲话的时间也尽量简短。）

·试着随时关注自己的进展。（举例：哇，最近以来，对需要进行猜测几乎成了我的本能！我甚至不需要像以前那样进行思维！）

·观察趋势。（举例：嗯，我逐一核对列表上的项目，但是，到目前为止，我还没有调整好身体的感受。有趣——是因为在产生同理心的过程中，我根本没有觉察到自己身体的感受，还是我只是没有讲出来？）

如果你找不到人充当你的同理心伙伴，但是，你真的想练习，那该怎么办？这里有一些建议：

· 利用当地的非暴力沟通练习组织体系获取建议。

· 在网上搜索并加入与非暴力沟通有关的团体（如雅虎、谷歌或者脸书上的团体）。在网上发一个寻求建议的主题帖文。你可以通过帖文直接从某些团体获取同理心，这是很正常的！

· 无声地进行练习，从家人的抱怨和评判中解读出感受和需要。在你的心中进行猜测，不需要讲任何话。

· 练习从自己的抱怨和评判中解读出内心的感受和需要。

· 在获得别人的同意之后，再给出正式的同理心猜测。如果你提前让他们知道你最近正在尝试学习的内容，他们就不太会对你所使用的语言产生抗拒。你感受到 X 是因为你需要 Y 吗？——大多数的人听到这样的话都会觉得奇怪。

附录 C

常见的挑战和有用的技巧

如果你能够熟练地通过同理心敞开自己的心扉，那么我的任务就完成了。然而，对于初级练习者来说，总会遇到一些障碍。我想提供一些技巧，使你们的学习过程更加顺利。下面的表格列出了在练习同理心时可能出现的不同情境和需要考虑到的有用技巧，并举例说明富有同理心的应对方法。

情境	同理心技巧	同理回应
你坚持认为你的同理心猜测是正确的，很难接受自己的猜测是错的。 你：那一刻你是不是有点害怕？ 对方：不，实际上我并不害怕。 你：哦……你肯定你一点都不害怕吗？	认为自己正确是正常的，能够帮助他人让人感觉良好！但是，对方告诉你，你的猜测与他的痛苦无关，这也是有价值的。因为它缩小了猜测的范围，这也很好，尤其是当对方对自己的感受模棱两可、含混不清的时候。	你：那一刻你是不是有点害怕？ 对方：不，实际上并不害怕。 你：好，那么恐惧并不是重点。 对方：知道恐惧并不是其中的一部分，这实际上是一种解脱，对我来说，焦虑曾经是个大问题。 你：所以你觉得有点庆幸，因为你的感受中并没有恐惧？ 对方：是的，完全正确。我认为现在更多的是关于界限和决心的问题。
因为你不太肯定，所以不愿做出猜测。你的大脑可能因为焦虑而一片空白。 对方：所以，无论如何，我不知道该怎么想！你能就我的情况做出一些猜测吗？ 你：嗯。你已经说过你生气了。因此，愤怒。嗯……我不知道。	自我觉知是正常的，尤其是当你是个新手，并面对自己所在乎的事情的时候。但当你正在自我觉知的时候，你很难安住于对方的倾诉。 把你的注意力拉回到对方的言语上，深呼吸一次，让自己能够对对方的话做出温暖的反应。	对方：所以，无论如何，我不知道该怎么想！你能就我的情况做出一些猜测吗？ 你：嗯。[深呼吸。]你提到愤怒。我能不能首先重述一下我听到的主要内容？我只是想确认自己掌握了你讲话的重点。这或许能让我具有更清晰的思路。 对方：当然！

续表

情境	同理心技巧	同理回应
对方开始解释为什么你的同理心猜测没有与他产生共鸣,当对方这样做的时候,就似乎说明他没有理解你的猜测。 你:你需要整合吗? 对方:不。我只是想把这些部分更好地组合在一起。我想要更多的连接。 你:我说的"整合"就是这个意思。	这经常发生! 不要急于教育或解释为什么你要做出那样的猜测。让对方选择自己能够理解的词汇,然后你就采用他的用词。关键在于你理解了对方的表达内容,并且让对方觉得自己被倾听!	你:你需要整合吗? 对方:不。我只是想把这些部分更好地组合在一起。我想要更多的连接。 你:好,"连接"对你管用,对吧? 我明白了。
你觉得你应该做得更多,说得更多。你觉得你没有提供足够的帮助。 你:这是关于"体贴"的吗? 对方:我想是这样。我现在想了想,"体贴"实际上就会导向"安慰"。我只是想让我们的关系和睦一些! 我想要完全的信任!	有些人只需要一个微小的推动,就可以一直自顾自地讲话。你只需要猜测他们的感受和需求,然后自发地和他产生共鸣。记住,如果对方在谈话结束时觉得自己被人理解,和他人建立了更多的联系,那就说明成功了!	你:这是关于"体贴"的吗? 对方:我想是这样。我现在想了想,"体贴"实际上就会导向"安慰"。我只是想让我们的关系和睦一些! 我想要完全的信任! 你:哇,和这一切保持连接让你感觉很好吗?

续表

情境	同理心技巧	同理回应
在猜测的时候，你会觉得很机械。 对方：我对这次的失败感到伤心欲绝。我甚至都不知道怎么讲。 你：你感到悲伤是因为你需要建立连接吗?	用这种新的倾听方式建立连接时，感到尴尬是正常的。当你练习新的沟通技巧时，要温柔地对待自己，同时表达出你的关心。	对方：我对这次的失败感到伤心欲绝。我甚至都不知道怎么讲。 你：哦，[点头]你很伤心。 对方：是的。[心烦意乱] 你：[深呼吸]是的。真的失去了那样的连接。 对方：是的! 我现在孤立无援。
对方似乎并不喜欢你所给予的同理心。它似乎不起作用。	不知道出于什么原因，同理心可能对他不起作用。如果它不起作用，那你就放下吧。看看你是否能找出建立起连接的更好方式。	你：我只是这样地倾听，这会让你觉得有帮助吗? 或者你希望获得不同的东西? 对方：好吧，我想知道你是否经历过我的处境。你遇到过这种情况吗? 你：当然遇到过! 如果你愿意，我可以将我的故事告诉你。
对方不喜欢你说话的方式，这种方式让对方感到不舒服。 对方：你为什么这么说呢? 你：你感到困惑，想要获得澄清? 对方：不要说了!	关注感受和需要会让一些人不舒服。他们可能会担心自己被评判、利用或遭到其他对待。开诚布公——让对方知道你正在尝试建立连接。如果对方对你的用词提出疑问，可能是觉得与你的连接正在变少。做出相应的调整，看看进展如何。	对方：你为什么这么说呢? 你：哦，对。我想尝试一下从书里学习到的东西，但我是个新手。这是不是让你有点不舒服? 对方：是的，有一点! 你：对不起，我真的很在意说的话。我们可以从你中断的地方重新开始吗?

续表

情境	同理心技巧	同理回应
作为一个接受者，你会因为没有感受到同理心而烦恼。 你：这么多东西都需要整理。 对方：你为什么不试着用一个日历 app 来处理它呢？ 你：哦，是的，我已经在用了。我似乎就是无法坚持下去。 对方：为什么不试试…… 你：这不是同理心！	当轮到对方来倾听你的时候，如果你听到"非同理回应"，这可能让你恼火。快速请求对方倾听你的话可能会有所帮助。如果还不奏效，你可以试试： • 借助自我同理的方法。 • 找一个想实践同理心倾听的同伴。 • 联系一个在线的非暴力沟通组织，在那里获得一些同理心。 • 如果你觉得对方愿意接受你的建议，向他提供一本非暴力沟通的书。	你：这么多东西都需要整理。 对方：你为什么不试着用一个日历 app 来处理它呢？ 你：哦，是的，我已经在用了。我似乎就是无法坚持下去。 对方：为什么不试试…… 你：让我打断你一下。现在，我还没准备好接受你的建议。你能不能暂时保持倾听的状态？ 对方：当然可以，但是…… 你：[在内心转向自我同理心：我非常希望能够被人倾听。我现在感到很难过，很沮丧。]

非暴力沟通的四个步骤

我清楚地表达自己的状态而不去责备或批评。	你带着同理心接受自己的状态，而不去关注对方的责备或批评。
观察	
1.我所观察到的（看到的、听到的、回忆到的、想象的），不管它对我的幸福感是否产生影响，我都不对其进行评价： "当我（看到/听到）……"	1.你所观察到的（看到的、听到的、回忆到的、想象的），不管它对你的幸福感是否产生影响，你都不对其进行评价： "当你（看到/听到）……" （有时候，同理心并不需要用语言来表达）
感受	
2.由我的观察所引起的感受（情绪或者身体感受，而不是想法）： "我感受到……"	2.由你的观察所引起的感受（情绪或者身体感受，而不是想法）： "你感受到……"
需要	
3.导致我产生感受的（不是某个偏好或特定行为，）是需要或价值： "……因为我需要/看重……"	3.导致你产生感受的（不是某个偏好或特定行为，）是需要或价值： "……因为你需要/看重……"

明确地提出对自己有利的请求，但是不要咄咄逼人。	不要关注他人咄咄逼人的语气，带着同理心接受那些对自己有利的内容。
请求	
4.我想采取的具体行动： "你愿意……吗？"	4.你想采取的具体行动： "你想要……？" （有时候，同理心并不需要用语言来表达）

人类具有的基本感受

需要获得满足时的感受

• 惊喜	• 满足	• 喜悦	• 兴奋
• 舒适	• 高兴	• 感动	• 惊讶
• 自信	• 充满希望	• 乐观	• 感恩
• 热心	• 受到启迪	• 自豪	• 激动
• 振奋	• 受到激励	• 释然	• 信任

需要未满足时的感受

• 生气	• 气馁	• 绝望	• 崩溃
• 烦恼	• 忧虑	• 不耐烦	• 迷惑
• 担心	• 尴尬	• 恼火	• 抗拒
• 困惑	• 沮丧	• 孤独	• 悲伤
• 失望	• 无助	• 紧张	• 不适

人类具有的基本需要

自主权	身体需要
• 选择梦想 / 目标 / 价值 • 为实现梦想、目标和价值制订计划	• 空气 • 食物 • 运动，锻炼 • 获得保护，使自己的生命免于遭受各种威胁：病毒，细菌，昆虫，肉食动物 • 休息 • 性需求 • 庇护 • 接触 • 水

庆祝和哀悼	游戏
• 庆祝生命的诞生和梦想的实现 • 哀悼亲人的去世、梦想的破灭	• 嬉戏 • 欢笑
健全的人格	精神交流
• 真实性 • 创造性 • 意义 • 自我价值	• 美 • 和谐 • 灵感 • 秩序 • 平和
人际互动	
• 接受 • 欣赏 • 亲密感 • 集体感 • 体贴 • 提升生命品质 • 情感安全 • 同理心	• 诚实 （诚实的力量能够让我们从自身的局限中学习） • 爱 • 安慰 • 尊重 • 支持 • 信任 • 理解

关于非暴力沟通

40多年来，非暴力沟通在60个国家蓬勃发展。非暴力沟通相关书籍被翻译成30多种语言，销量超过150万册。它背后的原因很简单：非暴力沟通是有效的。

从卧室到会议室，从教室到战场，每天，非暴力沟通都在改变着人们的生活。非暴力沟通提供了一种简单有效的方法，以和平的方式找出暴力和痛苦的根源。通过检查我们言行背后未被满足的需要，非暴力沟通帮助人们减少仇恨，疗愈痛苦，改善职场关系和人际关系。如今，在世界各地的公司、学校、监狱和调解中心，人们都在学习非暴力沟通。随着许多机构、公司和政府部门将非暴力沟通意识融入到他们的组织结构和领导方式中，非暴力沟通正在对文化转型产生影响。

我们大多数人都渴望改善人际关系的品质，提升个人能力，或者只是希望提升自己有效沟通的技能。不幸的是，自出生以来，大多数人所获得的教育就是竞争、评判、索求和诊断；用"对"和"错"的观念进行思考和沟通。在好的情况下，用惯行方式思考和说话也会阻碍交流，产生误解或挫折。如果事情恶化，它们会引起愤怒和痛苦，甚至可能导致暴力。即使是充满善意的人，也会在不知不觉中与人产生不必要的冲突。

非暴力沟通帮助我们深入到表象之下，发现我们内在的生机和活力，并且了解到，我们的所有行为不过是在寻求满足生而为人的各种需要。我们学习开发出一套感受和需要的词汇，帮助我们更清楚地表达特定时刻的自身状态。当我们了解并承认自身的需要时，我们就会建立起共同的基础，获得更加令人满意的关系。希望大家能够加入这个由成千上万人组成的世界性团体，通过这个简单而又具有革命性的方法，这些人已经改善了自己的人际关系和生活品质。

关于非暴力沟通中心

非暴力沟通中心（CNVC）是一个国际非营利性和平组织，它的愿景是建设一个让所有人的需要都能和平地得到满足的世界。CNVC 致力于在全世界范围内推动非暴力沟通的传播。

CNVC 由马歇尔·卢森堡于 1984 年创立，它一直在思想、言论和行动上推动着一场广泛的社会变革——告诉人们如何通过建立连接的方式激发慈悲心。目前，非暴力沟通在世界各地的社区、学校、监狱、调解中心、教会、企业、专业会议等场所都有教授。每年有成百上千的认证培训师和差不多数量的非暴力沟通支持者在 60 多个国家向几万名学员教授非暴力沟通课程。

CNVC 认为，对于建设一个和平的充满慈悲的社会来说，非暴力沟通是其中一个关键步骤。您的捐赠（免税）将帮助 CNVC 继续向世界上最贫困、最暴力的地区提供培训，也帮助人们促进有组织、能持续的项目发展，从而将非暴力沟通培训带到最需要它的地区和人群之中。

如果你希望进行捐赠或了解更多有价值的信息，请访问 CNVC 的网站：www.CNVC.org：

·培训和认证——查找当地、本国和国际培训机会，获取培训师认证信息，联系当地非暴力沟通团体、培训师等个人和组织。

·CNVC 书店——在非暴力沟通中心的网站上，你可以通过邮箱或电话订购方式，获得完整的非暴力沟通书籍、册页、音频和视频资料。

·CNVC 项目——参与某个区域性和主题性项目，为特定领域或区域的非暴力沟通教学提供支持和指导。

·电子群组和列表服务——参加某个有组织的主题性非暴力沟通电子群组和列表服务，以帮助个人学习，并促进全球非暴力沟通的持续发展。

作者简介：

［美］玛丽·戈耶

玛丽·戈耶女士是一名整体顾问[①]和培训老师，她专注于提高人们在工作中的领导能力，促进人们在家庭中的个人发展。在执业生涯中，她利用自己在婚姻和家庭治疗上受到的传统训练、非暴力沟通背景以及在身心治疗技术方面的专业知识，帮助在团队中挣扎的职业人士，挖掘他们的创造性和合作潜力。

在职业生涯的早期，玛丽充当教育者、顾问和咨询师的角色，为易于遭受伤害的青少年提供帮助。多年以来，她一直为

---

① 整体顾问（holistic counselor）：此处指在咨询中采用整体性方法的咨询师。整体性注重多学科、多角度之间的配合和相互依存，不采用孤立的方法解决问题。

学生提供直接的支持。如今，她专注于为教育者提供专业上的提升。玛丽致力于通过人际交往技能的培训来支持社区的发展。她将此作为整体性方法的一部分，来支持教育工作者的可持续性和灵活性发展，并最终帮助学生成长为健全的栋梁之材。她的热情吸引许多社团和学校与她进行合作，旨在为学生、教师和家长提供社交—情感规划资源。

在为忙碌的专业人士提供服务时，玛丽也一直在跨学科的方法上倾注热情。在私人执业生涯中，她整合自己的培训、指导和咨询背景，帮助领导者培养协作技能，从而在工作、家庭和更大的团体中产生真正的影响。

图书在版编目（CIP）数据

同理心的疗愈力量 / （美）玛丽·戈耶著；邓育渠
译 . -- 北京：中国青年出版社，2021.12
ISBN：978-7-5153-6461-2

I . ①同… II . ①玛… ②邓… III . ①心理学—通俗
读物 IV . ① B84-49

中国版本图书馆 CIP 数据核字（2021）第 259786 号

Translated from the book The Healing Power of Empathy
/ ISBN 9781934336175,Edited by Mary Goyer,
Published May 2019,by PuddleDancer Press.
All rights reserved. Used with permission.
For further information about Nonviolent Communication(TM)
please visit the Center for Nonviolent Communication on the Web at: www.cnvc.org.
Options for further information about Nonviolent Communication:
Center for Nonviolent Communication(CNVC)
9301 Indian School Rd., NE, Suite 204
Albuquerque NM 87112-2861 USA
Ph:505-244-4041-US Only:800-255-7696-Fax:505-247-0414
Email:cnvc@CNVC.org • Website:www.CNVC.org

中文简体字版权 © 北京中青心文化传媒有限公司 2022
北京市版权局著作权登记号：图字 01-2021-7412
版权所有，翻印必究

同理心的疗愈力量
作　　者：[美] 玛丽·戈耶
译　　者：邓育渠
审　　订：刘　轶
责任编辑：吕　娜　王超群

出版发行：中国青年出版社
经　　销：新华书店
印　　刷：三河市万龙印装有限公司
开　　本：787mm×1092mm　1/32 开
版　　次：2022 年 3 月北京第 1 版　2022 年 3 月河北第 1 次印刷
印　　张：10.5
字　　数：173 千字
定　　价：79.00 元
中国青年出版社 网址：www.cyp.com.cn
地　　址：北京市东城区东四十二条 21 号
电　　话：010-65050585（编辑部）